インプレスR&D [NextPublishing] 技術の泉 SERIES
E-Book / Print Book

わかりやすく書ける！
技術同人誌初心者のための 執筆実例集

石井 葵 著

同人誌初心者でも大丈夫！
イベントデビューしてみよう！

impress R&D
An impress Group Company

技術の泉 SERIES

目次

はじめに …………………………………………………………………………………… 4

諸注意 ……………………………………………………………………………………… 5

免責事項 …………………………………………………………………………………… 6

表記関係について ………………………………………………………………………… 6

底本について ……………………………………………………………………………… 7

第1章　原稿を書き始める前の準備 ……………………………………………… 9

目次を作る ………………………………………………………………………………… 9

本の中で達成したい目的を整理する …………………………………………………… 9

目的を達成するために必要なことを羅列する ………………………………………… 10

傾向1）特定の技術や概念を紹介・解説したい ……………………………………… 11

傾向2）特定の技術をどうやって使うか説明したい ………………………………… 11

傾向3）初心者向けの入門書を書きたい ……………………………………………… 11

傾向4）困っていることを解決した事例について述べたい ………………………… 12

羅列した項目を仲間わけし、名前をつける …………………………………………… 12

仲間わけしたものに名前をつける …………………………………………………… 12

各項目内で伝わりやすいように順序を入れ替える …………………………………… 12

目次を書く例〜実例をもとに …………………………………………………………… 13

目次を出すまでに検討したこと ……………………………………………………… 13

第2章　本文を書く …………………………………………………………………… 17

最優先事項は書き終わること …………………………………………………………… 17

執筆時に困った事例とその解決法 ……………………………………………………… 17

書きたい内容がないよう ……………………………………………………………… 17

なかなか書き出すことができない …………………………………………………… 18

できます地獄になってしまう ………………………………………………………… 19

文章の記述を進める例 …………………………………………………………………… 20

第3章　推敲してより良い原稿を作成する …………………………………………………23

なぜ原稿の推敲は大切なのか？ ……………………………………………………23
伝えたいことが伝わらなくなってしまうから ………………………………23
読者の読解力が問題なのか …………………………………………………25

推敲するポイント（基礎編） …………………………………………………25
語調・記法は統一されているか ……………………………………………26
接続詞の用法は正しいか ……………………………………………………29
句読点の量と位置 ……………………………………………………………32
一文の長さは40文字以内か …………………………………………………34
段落を切るタイミングは適切か ……………………………………………35
初見の単語には意味の解説があるか ………………………………………35
同じ言葉を繰り返し利用していないか ……………………………………36
助詞の使い方は正しいか・抜け漏れはないか ……………………………37

推敲するポイント（応用編） …………………………………………………37
こそあど言葉を多用しない …………………………………………………37
文章を断定形で記述する ……………………………………………………39
文章に適切なフォントを利用する …………………………………………39
タイトル詐欺をしない ………………………………………………………41
動作するコードを載せる ……………………………………………………41

第4章　実際の技術同人誌に基づく文章の記述と推敲作業の例 ………………43

実例1：特定技術の解説を行う文章例 ………………………………………43

事例2：環境構築時に準備しておくべきことの説明例 ……………………44

事例3：コンフィグの設定を変更するための説明例 ………………………46

事例4：ミドルウェアのコンフィグを記述する方法に関する説明例 ……47

事例5：コンフィグのオプションを説明する例 ……………………………49

事例6・7：画面の機能を解説する例 ………………………………………50

おわりに …………………………………………………………………………55

はじめに

こんにちは。この本を手に取ったあなたは今、こんなことを考えているのではないでしょうか。

・技術同人誌が盛り上がっているらしいので、自分でも書いてみたい

・でも文章を書くのは自信がない

・たくさん書かないといけないと聞くけれど、どうやって書けばいいのかわからない

・思うように文章が書けない

・やっぱり文章を書くのは向いていないから、やめておこう

「やっぱり文章を書くのは向いていないから、やめておこう」？……それは大変もったいないことです。文章の書き方を理解すれば、誰でも文章を書けるようになります。

「文章の書き方」とは、次のものを指しています。

・何を書くか、をどうやって探すか

・章の組み立て方

・文章の組み立て方

・段落の切り方

・接続詞の使い方

・助詞の使い方

・タイトルの付け方

・説明するための考え方

・推敲のやり方

・紙面の作り方

そのくらいわかっているよ、と思われるかもしれません。しかし、これらのポイントを守らないと、本の品質はガタっと落ちます。読者が「ちょっと読みにくいかも」と感じる本は、**「文章の書き方」がよくない場合が多い**のです。

「でも、その文章の書き方がわからないから困ってるんじゃないか！」と思ったでしょう？そんなあなたに向けて、この本を書くことにしました。現時点[1]で、**技術同人誌に特化した「文章の書き方」を解説した本**を見つけることができなかったためです。

「『技術同人誌を書こう！　アウトプットのススメ[2]』という本があるよ！」と思われたかもしれません。しかし、この本は「同人誌即売会へ申し込んで本を出すまでの工程」について書かれた本です。何について書くか、に関しても1章が割かれています。しかし、本のメインコンテンツは表紙の作り方や即売会当日の持ち物についてです。文章の書き方はほぼ解説されていません。何故断言できるのか？私もこの本に「何について書くか？」の章を寄稿しているからです。

技術文章の書き方について記載した本は存在します。しかし、それらは仕事のための文章や学会発表、商業本を書くことを想定していることが多いのです。

技術同人誌は他の「書く」ことよりも自由度が高く、かつ誰かが品質をチェックして合格サイン

1.2019年2月2日現在

2.技術同人誌を書こう！　アウトプットのススメ (親方Project 編（2018）／技術の泉シリーズ、インプレスR&D刊)

を出してくれることがありません。他の人にレビューを依頼すれば、感想やアドバイスをもらえるかもしれません。それを取り入れるかは、あなた自身が決める必要があります。

　判断基準が明確でない場合、意見を取り入れるべきか迷ってしまいます。全部取り入れてしまえば楽でしょう。ただ、これは同人誌なのです。主役はあなた自身であるべきです。

　自分の時間を割いて本を作るのであれば、自分の意見を読者に届けたいですよね。そのためには、「良い」文章を書くことが重要です。「良い」文章の書き方に迷ってしまったときに、この本がお役に立てれば幸いです。

諸注意

　技術同人誌の書き方を説明した本なので、できれば実際の技術同人誌を参考文献にしたいですよね。

　そこで技術同人誌の記述例として、『ログと情報をレッツ・ラ・まぜまぜ！〜ELK Stack で作る BI 環境〜』という本をを引用します。

図1: ログと情報をレッツ・ラ・まぜまぜ！〜ELK Stack で作る BI 環境〜

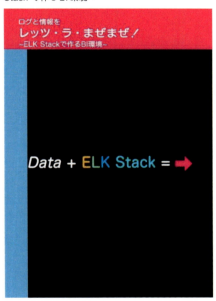

　そして、もう一冊の『Elastic Stackで作るBI環境 誰でもできるデータ分析入門』は、『ログと情報をレッツ・ラ・まぜまぜ！〜ELK Stack で作る BI 環境〜』の内容を修正し、商業出版した本です。商業出版をするにあたり、技術同人誌の内容を大幅に書き直しています。

図2: Elastic Stackで作るBI環境 誰でもできるデータ分析入門

　引用する内容の中にはElastic Stackの機能に関する説明文があります。ですが、この本を読み進める上ではElastic Stackに関する内容の理解は不要です。実際の技術同人誌の作例を元に、より良い文章表現について考えることが目的だからです。

　また、この本では商業出版の方法・印税については言及しません。

　この本では「より伝わりやすい技術同人誌を書くためにやった方が良いこと」をいくつか紹介しますが、取り入れるかどうかはあなた次第です。なぜならば「同人誌」は個人が自由に作成することが大原則だからです。この本で紹介する表現とあなたが「良い！」と考える表現がぶつかった場合は、あなたの表現を優先するべきです。

　好きなことを好きなように表現するのが「同人誌」の醍醐味なのですから。

免責事項

　本書に記載された内容は、情報の提供のみを目的としています。したがって、本書を用いた開発、製作、運用は、必ずご自身の責任と判断によって行ってください。これらの情報による開発、製作、運用の結果について、著者はいかなる責任も負いません。

表記関係について

　本書に記載されている会社名、製品名などは、一般に各社の登録商標または商標、商品名です。会社名、製品名については、本文中では©、®、™マークなどは表示していません。

底本について

　本書籍は、技術系同人誌即売会「技術書典6」で頒布されたものを底本としています。

第1章　原稿を書き始める前の準備

　複数の有志が集まって、または個人で本を作成し、発行した本を**同人誌**といいます。**技術同人誌**は、技術に関するトピックで個人が作成した本のことです。内容・取り扱うトピックは、個人の裁量で決定できます。簡単に言えば、何を書くのも自由なのです。

　では、技術同人誌を書くときに一番難しいことは何でしょうか。それは、**書き始める**ことです。

　イベントに当選し、サークルスペースが割り当てられたタイミングでは「さあ、原稿を書くぞ！」と気合いが入っているものです。しかし、いざ作業を始めようとすると筆が止まってしまいます。よくある事象ですが、これでは困ってしまいますよね。

　筆が止まってしまう時間を少しでも減らすためには、準備がとても大切です。そこで本文を書き始める前に、目次を作成しましょう。

　よくある失敗として、技術同人誌を1ページめから書き進めたものの、書き終わった後に原稿を見返してみると内容の重複・矛盾があってわかりにくいものになってしまう……という例があります。作業前に目次を作って、本全体の構成を細分化すれば、技術同人誌の内容に統一性が生まれます。

　これに加えて、目次があることで、本文を書き進める際に「後どのくらい書けば終わりなのか」が見えやすくなります。スケジュールとモチベーションを管理する上で、進捗の見える化は重要な要素です。

目次を作る

　「目次を書きましょう」といきなり言われても困ってしまいますよね。そこで、この章では実例を交えつつ、目次の作り方を説明していきます。

　イベントに申し込む際、申込書に**頒布物の概要**を記述しているはずです。その概要を元に目次を作成しましょう。次の順番で進めてみます。

1．本の中で達成したい目的を整理する
2．目的を達成するために必要なことを羅列する
3．羅列した項目を仲間わけし、名前をつける
4．各項目内で伝わりやすいように順序を入れ替える

実際、どういう意味なのか？順を追って説明します。

本の中で達成したい目的を整理する

　これは単純です。**作りたい技術同人誌の中で達成したい目的**を整理し、決定しましょう。既に目的が明確であれば、そちらを採用しましょう。そうでなければ、**あなたが作ろうとしている技術同人誌の中で達成したいことは何か？**を考えます。

例えば、『ログと情報をレッツ・ラ・まぜまぜ！～ELK Stack で作る BI 環境～』で達成したい目的は、次の2点でした。

1. Elastic Stack を用いて何らかのログファイルが分析できる画面を作りたい。
2. （執筆時点で）日本語の情報がまとまっているものがないため、将来の自分が参考にできる形式で情報をまとめたい。

Elastic Stack を用いて何らかのログファイルが分析できる画面を作りたいという目的は、**技術同人誌を読み終わった人がどのような状態になっていて欲しいのか**を起点とした目的です。

この目的の設定で、読者にとって嬉しいことが明確になります。これが明確になっていれば、読者は「なぜこの技術が必要なのか」「今やっていることは何の役に立つのか」を把握しやすくなります。その結果、読者の負担を下げることができます。

技術同人誌を読み終わった人がどのような状態になっていて欲しいのかを設定すると、自分の思いが伝わりやすい技術同人誌を作成できます。

一方、**（執筆時点で）日本語の情報がまとまっているものがないため、将来の自分が参考にできる形式で情報をまとめたい**という目的は、**筆者がなぜこの技術同人誌を書くのか**を起点とした目的です。技術同人誌を完成させるためには、それなりの時間と労力が必要です。せっかく時間をかけて作るのであれば、あなた自身の役に立つものを作れると良いですよね。この観点で目的を設定しても良いでしょう。

もし目的を思いつかないようであれば、困っていること・解決したいことを目的に設定しても良いでしょう。実例を示します。

『ログと情報をレッツ・ラ・まぜまぜ！～ELK Stack で作る BI 環境～』を書こうと考えた時点では、Elastic Stack の使い方に関する情報がほとんど出回っていませんでした。日本語の情報は絶対数が少なく、さらに英語で書かれたブログを閲覧してもバージョンが古いものばかりで参考にはできませんでした。[1]Elastic Stack を動かせる状態の環境を作り、一連の操作を解説したものがないと、将来の私自身がまた困ってしまうかもしれません。そこで、この時点で理解したことを技術同人誌にまとめて残しておこうと考えました。

技術を使っているときに**困ったこと**があれば、記録に残しておきましょう。解決したい何かがあれば、技術同人誌を作るモチベーションを保ちやすいのです。

歴史的背景を知るためには、多くの参考文献を探す必要があります。また、対象に対する深い理解も必要です。自分の知見を深める上でも良い体験になるでしょう。

目的を達成するために必要なことを羅列する

目的を決めた後は、**何をすればその目的が達成できるのか**を思いつく限り羅列しましょう。目的や取り扱う技術は人それぞれですが、いくつかの傾向があります。

1.Elastic Stack というツールのバージョンアップは早く、1 年にバージョンが 1 つずつ上がってしまうのです。

傾向1）特定の技術や概念を紹介・解説したい

プログラミング言語の特定機能を解説する・複雑な機能や概念を解説したい場合、この目的に当てはまります。これは次の観点を元に検討すると良いでしょう。

- 導入することで、どのような利点が生まれるのか？
- いつ利用するのか？
- その使い方
- それを図表を用いて説明できるか？

特定の技術を紹介する場合、**この技術を利用すると何が嬉しいのか？何が便利になるのか？**を主軸に据えましょう。物をおすすめされる側の気持ちになって考えてください。あなたにとって嬉しいことが少なければ、使ってみたいとは思わないはずです。技術の紹介も同様です。技術の紹介なので、実例を交えた説明があるとより効果的です。

概念を説明する場合、文字だけでは理解することが困難です。図表や挿絵を用いて読者とイメージを共有できるとベストです。

傾向2）特定の技術をどうやって使うか説明したい

ミドルウェアやインフラ環境の作り方・使い方を解説したい場合、この目的に当てはまります。これは次の観点を元に検討すると良いでしょう。

- 何をしたいからその技術を使うのか？
- 環境構築の流れと方法
- 競合ツールとの比較
- ありがちなトラブルと対処法

ミドルウェア・インフラ環境に関する内容を書く場合、**作業目的と作業手順を省略せず記述する**ことが重要です。

この領域は作業時にミスが見つかったとき、作業を最初からやり直すしかない場面が多いのです。さらに、作業のミスは最後になるまでわからないことが多々あります。もちろん、利用する技術によってはプログラミングのように何回でもやり直しができるものもあります。それでも、作業工程を丁寧に書くべきです。

作業工程が丁寧に書かれている技術同人誌は、それだけで価値が高まります。

傾向3）初心者向けの入門書を書きたい

特定技術の初心者用チュートリアルを書きたい場合、この目的に当てはまります。ここでの初心者とは、前提知識が全くない状態で技術同人誌を読む人のことを指します。

- それは何なのか？
- いつ利用するのか？
- 環境構築の流れと方法
- その使い方
- 動くものの作り方

・ありがちなトラブルと対処法

このパターンで技術同人誌を記述するにはそれ相応の覚悟が必要です。

初心者はあなたが解説しようとしている技術の知見を全く持っていません。もしかすると、パソコンを使ったことがないかもしれません。

チュートリアルを作る場合、前提知識が全くない相手の目線に立ち、かつ正確な内容で、丁寧な解説が必要です。技術書を読む習慣が全くない相手が飽きさせないようにする必要もあります。

本はコミュニケーションが一方通行になるメディアです。こちらから相手の様子が窺えないため、気を遣って書かなければならないのです。

傾向4）困っていることを解決した事例について述べたい

自分が困ったことの解決方法ついて書いたい場合、次の観点を元に検討すると良いでしょう。
・何に困っていたのか？
・どうやって解決したのか？
・解決方法にたどり着くまでに試したことは何か？
・なぜその方法が良いと考えたのか？

困っていたこと・解決方法だけでなく、**解決方法に至るまでの思考過程を記述する**ことをおすすめします。あなたの考えたことを自由に表現できるのは、技術同人誌の利点です。そして、それが読者の知りたいことでもあるのです。

羅列した項目を仲間わけし、名前をつける

アイデアの準備ができたら、いよいよ目次を作ります。まずはじめに、**羅列したアイデアを仲間わけしましょう**。グループの単位が1つの**章**となります。「環境構築」という仲間わけの例を示します。
・参照するべきドキュメント
・OSごとの差異
・構築手順
・動作確認方法

仲間わけしたものに名前をつける

これが章題となります。アイデアのグループを一言で表すと何か、を検討しましょう。難しいようであれば、**○○とは・○○について**など曖昧な言葉をつけておきます。商業書籍の目次を参考にしても良いでしょう。

各項目内で伝わりやすいように順序を入れ替える

仲間同士のグループを作った後は、説明の順序を決めましょう。**先に順序を決めておくと、文章**

を記述しているうちに支離滅裂な本になることを防げます。

　技術同人誌を書いているうちに、最初と最後で主張が異なってしまう可能性は、早いうちに潰しておくべきです。論理展開の修正は時間がかかります。技術同人誌は執筆に充てられる時間が少ないので．なるべく手戻りがないようにしましょう。

　順序を入れ替えた後は、原稿に反映しておきます。日付が空いてしまっても、すぐ本文を書き出すことができるからです。

　順序のつけかたに迷うのであれば、**実際の作業工程と同じ順番に並び替える**と良いでしょう。工程通りに進む方が、読者も一緒に環境を作って試しやすく「わかりやすい」同人誌を作成できます。

　例を示します。

1．ツール/取り扱う技術の紹介
2．環境構築/必要資材の準備
3．基本的な使い方/作り方（ここで技術同人誌の目的を一旦達成しておく）
4．応用的な事項
5　トラブルシュートや補足

目次を書く例～実例をもとに

目次を出すまでに検討したこと

　前述の『ログと情報をレッツ・ラ・まぜまぜ！～ELK Stack で作る BI 環境～』の中で達成したい目的は、次の2点でした。

1．Elastic Stack を用いて何らかのログファイルが分析できる画面を作りたい。
2．（執筆時点で）日本語の情報がまとまっているものがないため、将来の自分が参考にできる形式で情報をまとめたい。

　まず、**Elastic Stack を用いて何らかのログファイルが分析できる画面を作りたい**目的を達成するために必要な作業を説明する必要があると考えました。Elastic Stack は複数のミドルウェアの総称です。各ミドルウェアの環境構築手順がわからないと本題に入れません。ミドルウェアの使い方や設定方法はこの技術同人誌の本題です。この考えから作成した目次を示します。

ログと情報をレッツ・ラ・まぜまぜ！～ELK Stack で作る BI 環境～ の目次：抜粋

```
『ログと情報をレッツ・ラ・まぜまぜ！～ELK Stack で作るBI環境～』
├ 構築手順
├ 動作確認方法
├ Logstashでデータを取得する
├┤ コンフィグの書き方
│├ データ連携の確認をする
│└ バージョンごとの差異
├ Kibanaの使い方
├ グラフの作り方
└ グラフの解説
```

第1章　原稿を書き始める前の準備　13

目的別に目次を整理すると、次のような分類となります。

図1.1: ログと情報をレッツ・ラ・まぜまぜ！〜ELK Stack で作る BI 環境〜 の目次：抜粋

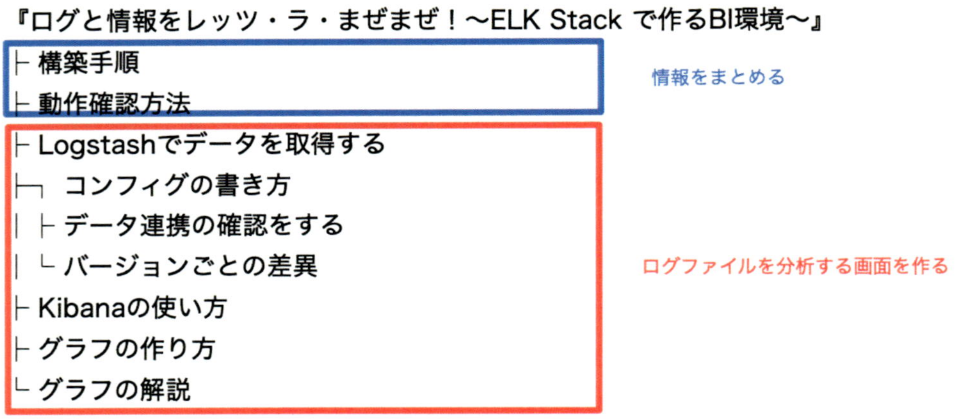

『ログと情報をレッツ・ラ・まぜまぜ！〜ELK Stack で作るBI環境〜』

```
├ 構築手順                          情報をまとめる
├ 動作確認方法
├ Logstashでデータを取得する
├┐ コンフィグの書き方
│├ データ連携の確認をする
│└ バージョンごとの差異              ログファイルを分析する画面を作る
├ Kibanaの使い方
├ グラフの作り方
└ グラフの解説
```

2の**日本語の情報がまとまっているものがないため、将来の自分が参考にできる形式で情報をまとめたい**目的を達成するために、自分が知りたい情報を整理しました。Elastic Stackとは何か？に関する説明や、ドキュメントの参照方法が本にまとまっていると嬉しいのではと考え、目次に追加しました。

・Elastic Stackとは

・参照するべきドキュメント

さらに、実際のユースケースに似せた形の利用法であれば本の内容を活かしやすいのではないか、と考えました。そこで、「実際にあり得そうな仕事内容を簡略化したもの」を設定し、それに沿って操作手順を書くことにしました。

・「こういうログを分析して欲しい」と頼まれた場面

『ログと情報をレッツ・ラ・まぜまぜ！〜ELK Stack で作る BI 環境〜』を商業誌『Elastic Stack で作る BI 環境』に作り変える際、トラブルシュートを含めることにしました。ミドルウェアの設定がうまくいかないとき、解決方法を調べるのが大変だと感じた経験があったからです。自分自身が辛い思いをしたので、将来の自分には同じ失敗をしてほしくないと考えました。

・トラブルシュート

実例として、『Elastic Stack で作る BI 環境』の目次を書いたときの考えを紹介します。

まずはじめに、Elastic Stack に関する説明を目次の先頭に配置しました。この本の読者は Elastic Stack を使い始める人が読むと予想されるためです。前提知識を持っているとは考えにくいため、概要を先に説明することで私と読者の考えを合わせた方が良いと考えました。

次に、環境構築の章を配置しました。Elastic Stack はミドルウェア群の総称です。複数のミドルウェアが動作する環境を作成しなければ、試すことができません。環境を作成した後に操作手順の解説を入れることにしました。

14　第1章　原稿を書き始める前の準備

トラブルシュートの章は本題から逸れるため、一番最後に配置しました。本題から逸れる事項を途中に入れてしまうと、読者は「前後と何が繋がっているのだろう」と混乱してしまうのではと考えたからです。

　このような考えを元に『Elastic Stackで作るBI環境 誰でもできるデータ分析入門』の目次を作成しました。抜粋して紹介します。

Elastic Stack で作る BI 環境 誰でもできるデータ分析入門

```
Elastic Stackで作るBI環境 誰でもできるデータ分析入門
├ 利用する技術の基礎知識・概要（ツール/取り扱う技術の紹介）
├─ Elastic Stackとは
│ ├ ユースケース
│ ┝  競合するもの
├─ 環境構築（環境構築/必要資材の準備）
│ ├ 参照するべきドキュメント
│ ├ 構築手順
│ └ 動作確認方法
├─ 使い方・設定方法（基本的な使い方/作り方）
├─ Logstashでデータを取得する
│ ├ コンフィグの書き方
│ ├ データ連携の確認をする
│ └ バージョンごとの差異
 ─ Kibanaの使い方
 │ ├ グラフの作り方
 │ └ グラフの解説
├─ トラブルシュート（トラブルシュートや補足）
└─ よくあるトラブルと解決法
```

　目的別に目次を整理すると、次のような分類となります。

第1章　原稿を書き始める前の準備　　15

図1.2: lastic Stack で作る BI 環境 誰でもできるデータ分析入門

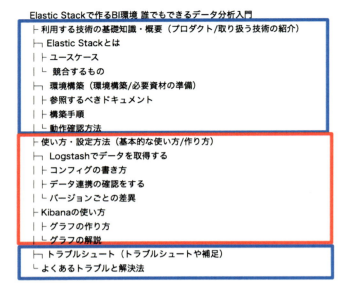

目次を組み立てることで、技術同人誌全体の構成をほぼ確定できます。どこを埋めれば完成するか目に見えるため、スケジュールも立てやすいはずです。

後は本文を埋めるだけです。次の章では、実際に本文を記述する例を示したいと思います。

第2章　本文を書く

　事前準備を終えた後は、実際に本文を書きます。この章では「手が止まらない」ようにするための心構えや工夫を紹介します。ただし、本文に書くべき内容については言及を避けます。なぜならば、同人誌は個人の趣味嗜好を表現する場だからです。**好きなことを好きなように書く**のが大原則です。

最優先事項は書き終わること

　本文を書く上で重要なことは、**最初から綺麗な文章を書こうとしない**ことです。最初からわかりやすい・読みやすい文章が書ける人はいません。書いた文章をそのまま頒布するわけではありません。書いたあと、納得がいくまで修正すれば良いのです。

　みなさんも、レポートの締め切り間際に焦った経験があるかと思います。締め切り間際に原稿ができていないと、とにかく完成させることに気がむいてしまいますよね。技術同人誌の質を上げるためには、締め切り間際に焦る事態は回避しなければなりません。

　文章の修正には時間がかかります。また、時間があればより良い表現を思いつくかもしれません。まず、**早い段階で、本文を1度書ききることが重要**です。

　私も技術同人誌を2年近く書いていますが、何回も書いては修正して……を繰り返した後に入稿しています。くどいようですが、最初に書いた文章＝入稿できるクオリティである必要はありません。まずは**目次の内容を全て埋める**ことに注力しましょう。

執筆時に困った事例とその解決法

　これまで何回か「好きなことを好きなように書くべきだ」と述べてきました。ただ、この本は技術同人誌を書くための同人誌です。表現したくてもどう書けばいいかわからない……などという「お困りごと」の解決方法を示したいと思います。

　困ったときにはこんな書き方・解決例がありますよ、くらいの気持ちで参考にしてみてください。

書きたい内容がないよう……

　「内容がなくて困る」状態です。そこで、技術同人誌の内容を膨らませるためのアイデアを紹介します。

A. 比較する

　取り扱おうとしている技術には、必ず**競合ツール**が存在するはずです。例を示します。

・React vs Vue.js vs Angular
・AWS vs GCP vs Azure vs オンプレミス

同じ目的を達成するためのツールとはいえ、ツールごとに癖やメリット・デメリットは存在しま

第2章　本文を書く　17

す。比較対象となる技術を探し、良し悪しを比較することに価値があります。さらに、あなた自身は技術についての理解が深まります。読者は、技術選定に役立つ知見を得ることができます。

　機能の比較をする際は、なるべく同じ目的を達成するコード・動作を行いましょう。同じものを作ることで、ツールの良し悪しが見えやすくなります。エラーログなど、動作させてみないとわからないことも多いものです。

B. 歴史的背景を調べる

　技術の出自や発展上の経緯を調べてみましょう。経緯を調べると、ツールの持つ思想や特徴を理解する助けになります。調べたときに利用した資料名を注釈などで載せれば、読者も同じ資料を閲覧できます。

　技術の歴史的経緯は自力で調べるのが難しい知見です。ツールに対する理解がなければ、何を調べたら良いかすらわからないからです。歴史的背景がまとまった本は、それだけでも価値があるのです。

なかなか書き出すことができない

　原稿を書かないといけないのに、いざパソコンを開くと何も書けなくなってしまう。これは、本文作成時の中で一番の困りごとです。何を書いていいのかわからない場合、目次出しの工程に戻ると良いでしょう。

　目次が書けている場合、次の方法のどれかを試してみてください。

A. 章・節ごとに一番言いたいことを記載する

　目次を書いて、その本全体の流れを作るのと同じように、各章・各節ごとに言いたいことを記載していきましょう。一番言いたいことが目に見えれば、その主張に対する根拠や事前の知識を補足する作業ができます。

　何を書けば良いのかわからずに手が止まってしまうとき、多くの場合は言いたいことがぼんやりとしています。それを見える化してあげると、筆が進みやすくなります。

B. 一旦パソコンから離れる

　何も思いつかないときは、パソコンを閉じてみましょう。長時間同じ姿勢を続けると疲れてしまいます。少しその辺を散歩してみると、いいアイディアが思い浮かぶかもしれません。

　私は、紙の上に本の内容を書き出した後でパソコンに向かうようにしています。パソコンで最初から書こうとすると、エディタやワープロソフトの操作で頭がいっぱいになってしまうからです。紙を見ながら文字を打ち込むことで、**考える時間と書く時間をずらすようにしています**。

　付箋やマインドマップアプリなどを活用して、**書くときに内容を考えないようにする**と短時間でも進捗を出しやすいでしょう。

C. 割り切って思い切り遊ぶ

　まったくやる気にならない場合、**時間を区切って好きなことをしましょう**。疲労が溜まっている人は、この時間で寝ましょう。

私の場合ですが、「あァ〜やりたくないけれど原稿やらなきゃだわ〜」と言いながら書いた原稿
は**推敲時に90%捨てられてしまいます**。気力に満ち溢れているときの文章と、書かされた感の強い
文章では、前者の方が魅力的に映るのです。

　締め切りに間に合っていれば良いのです。やる気がでないときは、割り切って思い切り遊びま
しょう。

できます地獄になってしまう

　特定技術の機能を説明する際、**〇〇できます**という文言で表現する方法しか思いつかず困る、と
いう例です。

リスト2.1: 機能の説明で「できます」を多用している例

```
Beatsはインストールすることで、機器のデータをElasticsearchやLogstashに転送できます。
例えばネットワークのパケット情報・Windowsのイベントログ・死活監視の情報などを収集することが
できるため、Logstashでカバーできないような情報を集めてくることができます。
```

　リスト2.1の文章でも、Beatsというツールの機能は伝わります。ただ、何度も**できる・できます**が
続くとしつこくなってしまいます。

A. 表現を変更する

　できます・可能ですと書かず、淡々と機能について紹介する方法です。

リスト2.2: 「できます」を使わずに機能を紹介する例

```
Beatsは、機器のデータをElasticsearchやLogstashに転送する簡易的なデータ収集ツールです。
収集できるデータは、ネットワークのパケット情報・Windowsのイベントログ・死活監視の情報など様々です。

その中には、Logstashでは収集できない種別のデータもあります。
```

　リスト2.2では、**できます**という文言を最小限に抑えました。**収集できるデータ**のみ**できます**を利
用し、それ以外は機能の特徴を並べるだけにします。

E. リストを使う

　機能の特徴が複数ある場合、**リスト**記法を用いる方法もあります。リストは、同列の事柄をいく
つも並べて示したいときに利用します。リスト2.1をリスト化すると、次のようになります。

・機器のデータを収集する
・ElasticsearchやLogstashにデータを収集する
・ネットワークのパケット情報・Windowsのイベントログ・死活監視の情報などを収集する
・Logstashでは収集できないデータもある

　このように、リストを作ることで**できます**の多用を回避する手段もあります。

第2章　本文を書く　19

文章の記述を進める例

次の例はKibana（キバナ）というミドルウェアについて説明する文章を作成している部分です。***は見出しを表す記号です。//はコメントアウトであることを示しています。

リスト2.3: Kibana の操作方法を説明する：最初に記述した文章

```
普段はこのように、データの詳細は折りたたまれています。これではせっかく取り込みをしたログを
全部表示することができません。そこで、各ログの左上にある三角マークをクリックします。

// キャプチャを入れる

すると、ログの詳細が全部表示されました。いくつか閲覧してみると、どうも言語が日本語のものが多いよう
ですね。
本当に100%日本語なのかみたいですよね。

*** ログの傾向をみてみよう
では、今度はログの傾向を閲覧してみましょう。Kibanaの左側にあるInsuranceを利用します。
このInsuranceは直近500件分のログを分析し、各fieldに入っているデータがどのくらい同じなのか割合で
示すことができます。

// キャプチャを入れる

例えば、「XX」fieldではログの傾向が〇〇だと一目でわかります。
各データ横にある虫眼鏡をクリックすると、その条件を自動で追加することができます。
プラスの虫眼鏡を選択すると「そのデータに一致する条件で検索」、マイナスは「そのデータに一致しない条件
で検索」となります。
```

文章を書き進めるときに一番重要なことは、**最初からうまく書こうとしない**ことです。最終的にわかりやすい文章になっていれば良いのです。まずは、伝えたいことをそのまま羅列していきましょう。

リスト2.3は、この文章を執筆している時点での自分の理解を文章に起こしただけです。後から内容を修正するとわかっているため、人に伝えることは意識していません。

技術同人誌を書き進めるときにもう一つ重要なことがあります。それは、**文章を書くことと同時に、技術的な内容を記述しない**ことです。リスト2.3でも、画像を差し込みたい箇所に**キャプチャを入れる**とコメントを残しています。具体的な実装内容を文中に記述したい場合、**「XX」fieldではログの傾向が〇〇だと一目でわかります。**と、仮の表現を当て込んでいます。

最初から文章内に技術的な内容を追加しない理由は、**とにかく最後まで書ききることで安心感を得るため**です。技術同人誌の作成では、

・文章の作成

・技術的な検証

・キャプチャなど図版や表の作成

・データの収集

　といった、種類が違う作業を短期間でこなす必要があります。文章を記述するたびに技術的な検証をしていた場合、検証時につまずいてしまうと先に進めなくなってしまいます。そのように書かれた本は、はじめの章は充実しているのに、最後の章になるにつれて尻すぼみになりがちです。

　技術同人誌を頒布するためには**締め切りまでに原稿を完成させなければいけません**。このためにも、とにかく最後まで書ききることは重要なのです。

　文章を先に記述するか、技術的な検証を先にするかは置かれた状況によって変更すると良いでしょう。

　今までに作成してきた資産を再利用するのであれば、技術的な検証は終わっていると言えます。この場合は技術的な検証を先に行なったと言えるでしょう。

　一方、何も手元に資産がない・技術同人誌のためだけに技術的な検証をする予定であれば、先に文章を作成するべきです。書きたいことを羅列した方が、より早く技術同人誌を完成に持っていけます。繰り返しになりますが、重要なことは原稿を完成させることです。

　次に示すのは、リスト2.3に対して追記をした文章です。技術的な検証を行った直後に追記しました。**===**は見出しを表す記号です。

リスト2.4: Kibanaの操作方法を説明する：技術的な検証結果を反映した状態

```
=== ログの傾向をみてみよう
では、今度はログの傾向を閲覧してみましょう。Kibanaの左側にあるInsuranceを利用します。
このInsuranceは直近500件分のログを分析し、各fieldに入っているデータがどのくらい同じなのか
割合で示すことができます。


/* スクリーンショットを添付


倒えば、スクリーンショットのfieldではログの傾向が〇〇だと一目でわかります。
各データ横にある虫眼鏡をクリックすると、データに当てはまるログが自動で検索されます。
プラスの虫眼鏡を選択すると「そのデータに一致する条件で検索」、マイナスは「そのデータに一致しない条件
で検索」となります。


検索条件を指定すると、Dashboard上部に枠が表示されます。解除したい場合、検索条件内の□をクリックす
るか
ゴミ箱マークをクリックして検索条件ごと消してしまえば良いです。


虫眼鏡マークを選択することで、プラスとマイナスを切り替えることも可能です。


// スクリーンショットを添付
```

　技術的な検証が終わっているため、より操作手順が具体的になっています。ミドルウェアの操作

第2章　本文を書く　21

方法を解説するため、実際に操作した手順をそのまま記述しています。リスト2.3と比較すると、より具体的な記述となっています。

より完成に近い文章が書けたため、リスト2.4を作成した後に、技術的な要素が正しい表記・動作する内容になっているかを確認しました。動作する内容になっているかは検証済みですが、これも公式ドキュメントに則った内容になっているかについて再度チェックします。嘘を伝えてしまうと、本の信頼度が下がってしまうからです。

もし他人にレビューをお願いするのであれば、この時点で頼むと良いでしょう。技術的な間違いは自分1人で見つけるのが難しいからです。

リスト2.5: Kibana の操作方法を説明する：技術的な間違いを修正

```
=== ログの傾向をみてみよう
では、今度はログの傾向を閲覧してみましょう。Kibanaの左側にあるInsuranceを利用します。
このInsuranceは直近500件分のログを分析し、各fieldに入っているデータがどのくらい同じなのか
割合で示すことができます。

//    スクリーンショットを添付

例えば、図で表示されているfieldではログの傾向が〇〇だと一目でわかります。
各データ横にある虫眼鏡をクリックすると、データに当てはまるログが自動で検索されます。
プラスの虫眼鏡を選択すると「そのデータに一致する条件で検索」、マイナスは「そのデータに一致しない条件
で検索」となります。

検索条件を指定すると、Discover上部に枠が表示されます。解除したい場合、検索条件内の□をクリックする
か
ゴミ箱マークをクリックして検索条件ごと消してしまえば良いです。

虫眼鏡マークを選択することで、プラスとマイナスを切り替えることも可能です。
```

リスト2.5が技術同人誌の最終原稿でした。リスト2.3の段階とは全く違うものになったことがお分かりいただけると思います。

22　第2章　本文を書く

第3章　推敲してより良い原稿を作成する

　原稿を一通り書き終わった後は、時間が許す限り推敲を行いましょう。

　推敲をコトバンクで検索すると、「詩文の字句や文章を十分に吟味して練りなおすこと」と出てきます。技術同人誌での推敲は、本文や載せるプログラム・図解を十分に吟味して練り直すこと、と言えます。

　商業書籍では、編集者があなたの代わりに推敲を行います。技術系の本の場合、編集者の推敲は日本語表現の修正のみで、技術的な観点でのレビューや校閲は外部の専門家にお願いする場合が多いようです。ちなみに、技術的なレビューを記名入りで外部の専門家に頼んでいる場合、本の奥付の著者欄に**監修**としてレビュアーがクレジットされることがあります。このように、商業書籍は多くの人が原稿の正しさをチェックしていることがわかります。

　しかし、技術同人誌はあなたが編集者の役割も兼ねています。複数人で執筆している技術同人誌に寄稿する場合、編集担当の誰かに原稿を預けることになります。ただ、原稿の中身をどのくらい確認してもらえるかはわかりません。編集担当者の方針によっては、あまり校正をかけないこともあるでしょう。

　Twitterなどで呼びかけてレビューを頼めばいいじゃない、と思うかもしれません。しかし、レビューを頼めるかは運次第です。加えて、あなたが望む形のレビューをもらえるかはわかりません。最終的な原稿の修正は、あなた自身で行う必要があります。

　あなたは「原稿を書いてもう十分楽しんだので、早く入稿して解放されたい」と思っているかもしれません。気持ちはわかりますが、より良い技術同人誌を作るためにもう少し頑張りましょう。

なぜ原稿の推敲は大切なのか？

伝えたいことが伝わらなくなってしまうから

　なぜ、推敲は大切なのでしょうか？

　それは、**わかりやすい文章であればあるほど、あなたが広めたい技術を他人に伝えることができるから**です。推敲しても大して変わらないと思っていますか？では、次の文章を見てください。

リスト3.1: 文章例：1

> データの内訳に応じて円が分かれていきます。　円を分ける条件を指定しないとデータの総件数が表示されるだけなので、パイを分割する設定を一緒に入れましょう。

リスト3.2: 文章例：2

これは円グラフを作成するための機能です。データの内訳を分析する用途で利用します。設定を変更すれば、円の中央が空いている"ドーナツ型"のグラフを作成することも可能です。

リスト3.1とリスト3.2は、どちらも**Kibana**というミドルウェアの**Pie Chart**機能を説明したものです。

図3.1: Kibanaの画面例

画像の右上にドーナツ型の円がありますね。それがPie Chartのグラフです。Pie Chart機能の詳細は、本題ではないため割愛します。

重要なのは、**言葉の使い方・文章の並べ方・句読点の多さによって、伝わってくる内容が全く違う**点です。

例えば、リスト3.1を読んだとき「Pie Chartを使うと円グラフが描ける」という意味がすぐ伝わってきたでしょうか。「データの内訳を分割する」「パイを分割する」ことができそうだ、と受け取ったのではないかと思います。しかし、筆者が伝えたかったのは「Pie Chartを使うと円グラフが描ける」ことです。パイの分割はその後のページで説明しているため、ここではさほど重要ではなかったのです。筆者の主張と実際の記載に大きな差がありますね。これでは読者が「著者の主張」を推測しながら本を読み進めることになります。何回も続けば、読者にかかる負担が増えていきます。

読者への負担が高い本は、読者にとって「読みにくい本」となってしまいます。はっきり言って、読後感は最悪です。読むのに疲れるからです。こうなると、あなたの伝えたいことは3割以下しか伝わりません。

読者の読解力が問題なのか

「読者の読解力・技術力が足りていないのが悪い」と思われるかもしれません。しかし、それは違います。

専門書の位置づけで技術同人誌を書くのであれば、「専門的な観点が多すぎて初心者に伝わらない」のは許されるかもしれません。ただし、タイトルやキャッチコピーに**わかりやすい**や、**初心者の／はじめての**と書くのであれば話は別です。専門書よりも丁寧に、かつ慎重に原稿を書かなければなりません。

なぜならば、初心者はあなたの書いた文章の行間を読み取ることが難しいからです。前提知識が足りていないため、説明不足な点を自分で補うことができません。そのため、行間を読む箇所が多くなると「読みづらい/わかりにくい」という感想を持ちやすいのです（その上サンプルコードが動作しなければ、もっと印象は悪くなります）。

本当かなと思うのであれば、試しにAmazonのWebサイトで**Java入門書**と検索してみてください。低評価のレビュー文の大半は「説明がわかりにくい」「サンプルコードが動作しない」といったものです。ひどいものでは、中級者向けの本に「初心者が読んだけどわからなかった」というレビューがついていたりします。

対象読者をきちんと定め、誰が見てもわかるように明記する（誤解がないように宣伝する）のは、本を作るならばやるべきことです。売れるから、刺さりやすいから、イイねがいっぱいもらえるからといって、安易に初心者向けを謳わない方が良いです。

読者というものは勝手なように見えるかもしれません。言いたい放題で理不尽なのは、よくわかります。しかし、読者はあなたの書いた本からしか情報を取得できません。わからないことは調べて読んでほしい？行間を読んでほしい？技術書に対するAmazonのレビューをみれば、それは幻想だとわかるでしょう。

読者が本を買って読む目的は、次の2つに集約されます。
・Web検索では手に入れられない情報を知ること
・横断的な情報をまとめて取得・管理すること

情報を手に入れる目的で本を読む人に、調べ物をしながら本を読むことを期待するのは難しいのです。これに対抗するためには、クオリティの高い原稿をぶつけるしかありません。

読者のためだけではなく、あなたの心を守るために推敲を行いましょう。

推敲するポイント（基礎編）

普段の生活で推敲をすることはどのくらいありますか？メール文化の中にいれば、書いた文章を推敲する機会があるかもしれません。Slackなど、チャットを多く利用するのであれば、長文を書くこと自体あまりないかもしれません。そこで、まず推敲するためのポイントを押さえましょう。

次に示すポイントが網羅されていない場合、「この本は読みにくい」印象となってしまいます。本の内容ではなく、文章の読みやすさに関わることだからです。**これらの推敲は最初に行いましょう。**後まわしにすると、修正箇所が大量に発生するからです。

・本の中で語調・記法は統一されているか

・接続詞の用法は正しいか

・句読点の量と位置は適切か

・一文の長さは40文字以内か

・段落を切るタイミングは適切か

・初見の単語には意味の解説があるか

・助詞の使い方は正しいか

・同じ言葉を繰り返し利用していないか

こんなのはできて当たり前じゃないか、と思われるかもしれません。しかし、これらが守られていない技術同人誌は数多く存在します。言い換えれば、読みやすい文章を書くだけで、1つ抜きん出た技術同人誌を作れるということです。

先に挙げたポイントは、校正ツールを用いることで確認・修正することも可能です。テキスト形式の原稿であれば、**textlint**（https://textlint.github.io/）などの静的検査ツールを用いることができます。また、Wordで文章を作成している場合はWord自体に付属する校正ツールを利用できます。

しかし、校正ツールでは文章の構成は検査できません。そして、自力でも文章を推敲できるようになれば、よりわかりやすい文章を書けるようになります。複数人で執筆する場合や執筆に慣れないうちは、校正ツールを用いて文体の統一を行うと良いでしょう。

ツールをうまく利用しつつ、より良い文章表現を追求していきましょう。早速、順番に内容を確認していきます。

語調・記法は統一されているか

技術同人誌の制作期間の多くは、1ヶ月～2ヶ月です。複数日にまたがって執筆していると、往々にして初期に書いた原稿と終盤間際に書いた原稿で**技術用語や記述方法（キャメルケース/スネークケースなど）の記載方法が異なる**ことがあります。

技術同人誌は内容に正確性が求められるジャンルの本です。**本の中で表記は統一しましょう。**複数表記が存在すると、読者は何が正しい表現なのかわからず混乱します。

特に複数人で1冊の本を執筆している場合、表記が乱れやすいので特に注意しましょう。この複数人執筆で書かれる本は**合同誌**と呼ばれています。

また、英数字の表記法も統一するべきです。技術同人誌の場合、**半角英数字**表記にしましょう。プログラム等を書くときと同じ記述で読みやすくなるためです。

記法と合わせて、語調も統一するべきです。統一されていない場合、本が読みづらくなってしまうからです。具体的には、次のどちらかから選択します。

・「です/ます」などの丁寧語を利用する

・「だ/である」などの断定語を利用する

技術同人誌の場合、「です/ます」などの丁寧語を利用すると良いでしょう。これは、商業本の技術書と同じ語調を利用するためです。自分の技術同人誌を商業出版したいと考えている場合、丁寧語にしておくべきです。修正コストが少ない方が、出版社に売り込みやすいからです。

語調は本全体を通して統一します。合同誌になると、語調がバラバラになりやすいので**事前にルールを設けておくことを強く推奨します**。語調を後から修正するのは、かなり時間がかかります。この修正作業だけで時間と体力を無駄に消耗するため、語調は最初から統一しておくべきです。

　ばらばらでもわかればいいじゃない、と思うかもしれません。実際に悪い例をみてみましょう。リスト3.3を見てください。同じミドルウェアの名前が3回出てきます。

リスト3.3: 語調・記法が統一されていない例

```
BeatsはOSにインストールすることで、機器のデータをElasticsearchやlogstashに転送する
簡易的なデータ収集ツールです。例えばネットワークのパケット情報・Windowsのイベントログ・死活監視の
情報などを収集することが
できるため、LogStashでカバーできないような情報を集めてくることができる。
Logstashにログを転送することで、他のログと同じように加工・転送が可能となるため、痒いところに手がと
どくツールという位置づけ。
```

　3つの表現が出てきました。

- logstash
- LogStash
- Logstash

　Logstashは、Elasticsearch社製のログ収集・転送ツールです。**Logstash**と記述するのが正しいのですが、表現が分かれていると混乱します。Logstashを知っていれば「Logstashのことを指している」と理解できるでしょう。しかし、初めてLogstashを知った人は、**Logstash**と**LogStash**を別のツールだと思ってしまうかもしれません。

　さらに、リスト3.3は語調も統一されておらず、読みやすくはありません。

　そこで、次のように書き換えてみましょう。

リスト3.4: 語調・記法が統一されている例

```
BeatsはOSにインストールすることで、機器のデータをElasticsearchやLogstashに転送する
簡易的なデータ収集ツールです。例えばネットワークのパケット情報・Windowsのイベントログ・死活監視の
情報などを収集することが
できるため、Logstashでカバーできないような情報を集めることができます。
Logstashにログを転送することで、他のログと同じように加工・転送が可能となるため、痒いところに手がと
どくツールという位置づけです。
```

　これで、**Logstash**という表現に統一できました。

　目視で記法が統一されているか確認することは、とても難しい作業です。エディタ・ワープロソフトの**検索・置換**機能で一括置換を行うと良いでしょう。

　例えば、Visual Studio Codeであれば、**Command（Ctl）＋F**キーで検索・置換機能を起動できます。図3.2を見るとわかる通り、表記揺れがある場合でも文字列検索を行えます。ここで一括置換を行えば、表記ゆれを解消できます。

第3章　推敲してより良い原稿を作成する　27

エディタの一種であるAtomも、同じような置換機能を持っています。テキストで原稿を作成する場合、エディタの力で用語を統一しましょう。

図3.2: Visual Studio Codeで置換を行なっている様子

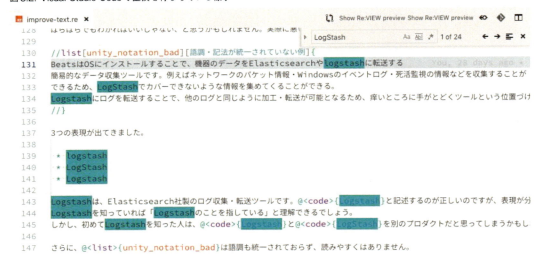

WordやGoogle Documentsなどのワープロソフトを利用する場合も、同じように検索・置換を行えます。Wordの場合は**Command（Ctl）＋H**、Google Documentsの場合は**Command（Ctl）＋F**で検索・置換を行います。こちらも積極的に活用していきましょう。

図 3.3: Google Documents で置換を行なっている様子

接続詞の用法は正しいか

接続詞という言葉を聞いたことはありますか？接続詞とは、文と文とをつなぐ役割を持つ品詞の一種です。新聞内で利用する日本語の書き方を指南している『記者ハンドブック』内（p108）では、接続詞の種類として次の単語が挙げられています。

・あるいは
・かつ
・しかし
・しかも
・すなわち
・それとも
・ただし
・ところが
・ところで
・ないし
・なお
・ならびに
・また

- または
- もしくは
- 持って
- および
- 従って
- 併せて

数が多いので、利用する機会が多い接続詞に絞ります。

- しかし
    — 前の文章の内容を打ち消すときに利用する

図3.4: しかしを利用する文章例

- すなわち
    — 前に述べた言葉を別の意味で説明し直すときに利用する

図3.5: すなわちを利用する文章例

- ただし
    — 前の文章について条件や例外をつけ足すときに利用する

図 3.6: ただしを利用する文章例

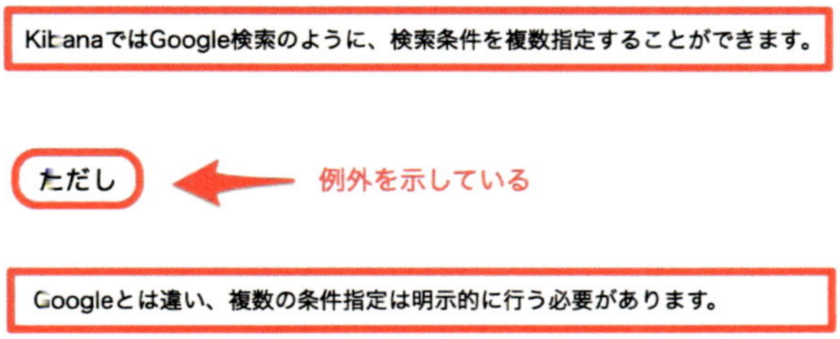

- ところが
    — 前の文章から予想できない事項について記載するときに利用する

図 3.7 ところがを利用する文章例

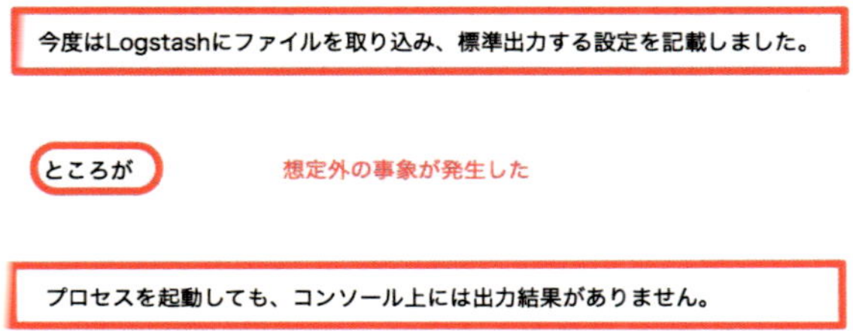

また
    — 前の文章と同じ事項を重ねて表現するときに利用する

図 3.8: また を利用する文章例

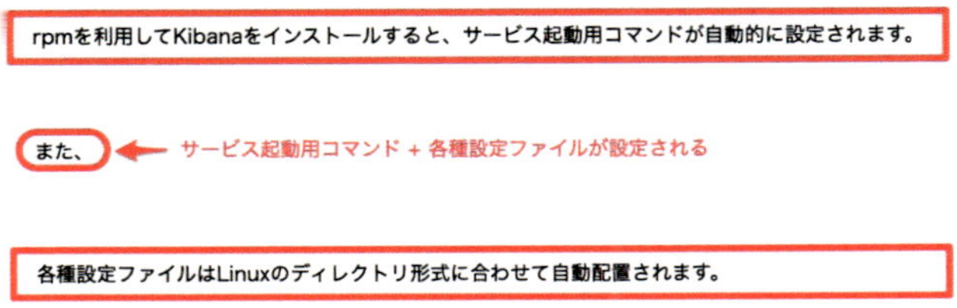

- および
    — 前の文章 AND 後ろの文章 と表現するときに利用する

図3.9: およびを利用する文章例

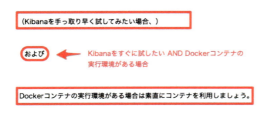

- または
  — 前の文章 OR 後ろの文章 と表現するときに利用する

図3.10: またはを利用する文章例

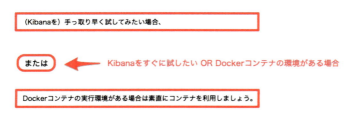

接続詞は用法を誤ると**意味が正しく伝わりません**。接続詞を意識すると、文章の意味を正しく伝えるだけでなく、文章の論理構成を検討しつつ本文を記載できます。文章を書くことに慣れていないうちは、接続詞を入れながら文章を記載しましょう。推敲中にくどいと思った時点で削れば良いのです。

句読点の量と位置

句読点（くとうてん）とは、文章を区切るための文字のことです。句点は"。"、読点は"、"のことです。

句点は文章の最後につけます。ただし、かっこ（**例：「」・()**）内の文章の場合、基本的には句点をつけません。場合によってはつけることもあります。『記者ハンドブック 第13版 新聞用字用語集』p115[1]に詳しい記載がありますが、技術同人誌を書く上では**かっこを使用しない文の最後に必ず句点をつける**、と覚えておけば良いでしょう。

句点のルールは、多くの技術同人誌で守られているようです。しかし、問題は読点です。読点の付け方で著者の文章を書く力を測れると言えます。読点の付け方が悪いせいで、内容が面白くても「読みづらい」技術同人誌が多いのです。

---

1. 記者ハンドブック 第13版 新聞用字用語集（一般社団法人共同通信社（2016）／共同通信社刊）

『記者ハンドブック 第13版 新聞用字用語集』では、読点に関して次のような説明がされています。

> 読点は文章を読みやすくしたり、記事内容を正しく伝えるために打つ。息の切れ目や読の間（なるべく20文字以内）を考えて付ける。

息の切れ目や読の間（なるべく20文字以内）を考えて付ける。とありました。**息の切れ目を文節**と勘違いして読点を多用する人がいます。文節とは、文を実際の言語として不自然でない程度に区切った最小の単位のことです。読点が多すぎる人は、助詞（てにをは）が出てくるたびに読点を打つ傾向があります。別に読点が多くたっていいじゃないか、と思われるかもしれません。次の例文を読んでください。

リスト3.5: 読点が多すぎる例

```
Windowsの場合、zipファイルを、利用する以外に、インストールする方法は、存在しません。
一方、Macは、brewコマンドを用いて、インストールすることもできますが、
Elastic公式ではサポートされていないようなので、今回は、インストール方法から、対象外としています。
```

　息切れするような文章です。この調子で60〜80ページ読み続けるのはしんどいですよね。リスト3.5はかなり極端な例です。しかし、このような文章を書いている人は存在します。

　読点が多すぎる人は、頭の中の言葉と文章が直結している傾向があります。最初に書く文章はそれでも良いのですが、**推敲時に必ず読点の量を削りましょう。**先程の例で、大変読みづらいことがお分かりいただけたかと思います。

　では、読点がなければ良いのでしょうか？今度は読点が存在しない文章をみてみましょう。

リスト3.6: 読点がまったく存在しない例

```
Windowsの場合zipファイルを利用する以外にインストールする方法は存在しません。
一方Macはbrewコマンドを用いてインストールすることもできますが
Elastic公式ではサポートされていないようなので今回はインストール方法から対象外としています。
```

　どこで文章が切れるのか全くわかりません。ここでは2文目に注目してください。**Mac**が文中の主語になっています。このままでは、文章内の動詞は**対象外としています**となってしまいます。「Macが対象外としています」、は少しおかしいですよね。ここで述べたいのは「Macのインストール方法は、今回は対象外とする」ことです。「Macは対象外としている」ではありません。

　読点を打つ場所によって、日本語の意味が変わってきてしまいます。しかし、多すぎてもくどくなります。次の事項を守り、文脈に注意を払いながら読点を打ちましょう。

・読点は20文字を目安に打つ

・文章を切りたい箇所に打つ

・1文に読点を打つ数は、最大2回までとする

　慣れないうちは、1文に1回だけ読点を打つようにしましょう。これにより、読点を打ちすぎることは無くなります。適切な位置に読点を打つ練習にもなります。どこに読点を打つべきか考えていると、文章がわかりにくくなっていることに気が付く確率も上がります。

第3章　推敲してより良い原稿を作成する | 33

リスト3.7: 読点を適切に打った例

```
Windowsの場合、インストーラーはzipファイル形式のみ提供されています。
一方Macの場合、zipファイルまたはbrewコマンドを利用できます。
ただしbrewコマンドを用いた方法は、Elastic公式ではサポートされていません。
よって、この本ではbrewコマンドを用いたインストール方法を扱いません。
```

　1文目は、読点を打ちづらかったため文章の構成から書き換えました。以降の文章は1文に1回読点を打つルールを適用するには長すぎるため、文を分割しました。私は読点を接続詞の後ろ、または主語の後ろに入れるようにしています。日本語は主語がわかりづらい言語だからです。主語をはっきりすることで、技術の動作や役割を簡潔に説明できます。

一文の長さは40文字以内か

　文章の頭から句点までは、40文字に納めるようにしましょう。最悪でも45文字以内に納めます。文章の可読性が下がるだけでなく、長文になり1文の中に逆説が入ることで意味不明な文になる、などの弊害が発生するためです。

　文章が長すぎる例を示します。

リスト3.8: 1文が長すぎる例

```
Timelionは複数の要素を描画することができますが、
Visualizeでは1つの画面には1種類のグラフしか描画することはできません。
（68文字）
しかし、Timelionでは1つの画面に線グラフと棒グラフを両立させることができますので
2つのグラフを同じ画面で比較したいときに便利です。
（70文字）
```

　リスト3.8の例は、意味は通じる文章です。そこまで「読みづらい」と思わないかもしれません。しかし、これはコードブロック内でわざと折り返しているからです。組版した形式で記載してみます。

　Timelionは複数の要素を描画することができますが、Visualizeでは1つの画面には1種類のグラフしか描画することはできません。しかし、Timelionでは1つの画面に線グラフと棒グラフを両立させることができますので2つのグラフを同じ画面で比較したいときに便利です。

　今度はどうでしょう。印象が変わったのではないかと思います。では、1文が40文字以内に納まるように文章を書き換えます。

リスト3.9: 1文を40文字以内に納めた例

```
Timelionは複数のグラフを一つの画面に描画できる機能を持っています。
（37文字）
この機能はVisualizeと同じに見えるかもしれません。
（29文字）
```

> しかし、Visualizeでは1つの画面には1種類のグラフしか描画できません。
> （39文字）
> Timelionは、異なる種類のグラフを同時に比較したいときに便利です。
> （36文字）

「Timelionは複数の要素を描画することができます」「Timelionでは1つの画面に線グラフと棒グラフを両立させることができます」の表現は、内容が重複しているため削りました。では、組版するととうなるでしょうか。

　Timelionは複数のグラフを一つの画面に描画できる機能を持っています。この機能はVisualizeと同じに見えるかもしれません。しかし、Visualizeでは1つの画面には1種類のグラフしか描画できません。Timelionは、異なる種類のグラフを同時に比較したいときに便利です。

　先ほどに比べてかなり読みやすくなりました。単純なルールですが、一段とわかりやすい文章になります。

段落を切るタイミングは適切か

　段落は、文章のまとまりを複数に分ける役割を持っています。意味が変わるタイミングで入れましょう。具体的には**しかし**など、前の文章から主張が変化するときに入れます。

　段落が少なすぎる場合、紙面を文字が覆いつくし、可読性が下がってしまいます。初めは4・5文続いたら段落を切り替える、と考えておきましょう。

　文章や段落などの切り方がうまくいかない場合の多くは、主張がまとまっていません。まずは言いたいことを整理し、余計な文章を削ってみましょう。似たような内容があれば、それも削除しましょう。

　初めのうちはたくさん書かないと伝わらないかも、と不安になります。それは、カレーにケチャップとマヨネーズをかけて食べる行為に等しいのです。カレーはカレー味で十分美味しいのです。余計なものは不要です。技術同人誌も同じことです。

　本筋とは関係ない内容を書きたい場合、コラムとして記載する・付録として章を追加て対策しましょう。本書もコラムと付録を使っています。書き方には直接関係ないものの、技術同人誌を書く上では付随する話だからです。

　読みづらいと感じたら思い切って削る、これを頭に入れて進めましょう。

初見の単語には意味の解説があるか

　専門用語やツール名を記述するとき、「○○とは××のことです」と言葉の定義を記述しているか確認しましょう。「初心者」「はじめての」とタイトルにつけたあなたは、この点は**絶対に守ってください**。初学者はあなたの解説するツールについて知りたいのです。単語の意味が解説されていないと、あなたの本は初学者の求める要件を満たせません。読者の満足度はかなり下がってしまいます。

リスト3.10は、本の中で初めてLogstashという単語が出てきたときの文章です。

リスト3.10: 本の中で初めて記載されるツール名に解説がない場合

```
Logstashは、txt・xml・jsonファイルなどを収集できます。
それだけでなく、Twitter APIと連携してTwitterのつぶやき情報を取り込む事も可能です。
さらに、データベース（RSDB）に接続して情報を抜くこともできます。
```

リスト3.10の文章だけでは「で、結局Logstashってなんやねん」と感じてしまいますよね。

リスト3.11: 本の中で初めて記載されるツール名に解説がある

```
Logstashは、ログを収集し、指定した対象に連携できるツールです。
それだけではなく、ログの加工機能も持ち合わせています。
LogstashはRubyで作られています。

Logstashは、txt・xml・jsonファイルなどを収集できます。
それだけでなく、Twitter APIと連携してTwitterのつぶやき情報を取り込む事も可能です。
さらに、データベース（RSDB）に接続して情報を抜くこともできます。
```

これなら、Logstashとは何か、を読者が知っている状態になります。機能解説の理解もしやすいでしょう。対面でのコミュニケーションとは違い、筆者から読者へ情報を伝える手段は本の内容のみに限られています。著者と読者の認識を合わせておくことは、お互いの認識に乖離がない状態にするために重要です。本の中で一番最初に専門用語が登場したとき、解説がされているかを再度確認しましょう。

同じ言葉を繰り返し利用していないか

同じ意味の言葉は、1段落に1回のみ使用します。例外として、表現を変えて繰り返し記述する場合や、専門用語・ツール名は繰り返し使用しても構いません。ただし、多くても3回程度にとどめておきます。冗長な文章として見えやすいからです。

リスト3.12: 同じ言葉が繰り返し出てくる例

```
使いたいグラフを決めたあとはグラフを配置していきます。
基本は＋の部分を押しながら、ドラック&ドロップでグラフを配置していくだけです。
グラフの大きさを変更したい場合、グラフ右下をクリックしたままドラック&ドロップで
大きさを調整します。ある程度は自動で大きさが決まってしまうので、ミリ単位の調節はできません。
```

グラフという単語がくどいですよね。1段落に4回も出てきています。

リスト3.13: 同じ言葉を削った例

> まずはじめに、利用したいグラフを決定します。
> 基本は＋の部分を押しながら、ドラック&ドロップで配置していくだけです。
> グラフの大きさを変更したい場合、対象の右下をクリックしたままドラック&ドロップで
> 大きさを調整します。ある程度は自動で大きさが決まってしまうので、ミリ単位の調節はできません。

　数を2つ減らしました。先ほどよりは見やすくなりました。

助詞の使い方は正しいか・抜け漏れはないか

　助詞とは、主語や動詞、名詞など、言葉同士の関係を示すための言葉です。例をいくつか示します。
- ・て
- ・に
- ・を
- ・は
- ・が/は

　言葉の関係性を示す言葉を慎重に利用しないと、意味が全く違うものになります。先に述べた点を元に推敲していれば、あなたの文章はだいぶ読みやすくなっているはずです。言いたいことと記述されている文章を比較し、言いたいこと通りに伝わってくるか確かめましょう。

　また、助詞に抜け漏れがあると、文章全体が稚拙に見えてしまいます。助詞の書き漏れがないか、合わせて確認しましょう。

　助詞の使い方が正しいか確認するときは、**最低でも先に述べた推敲を行った1日後**に行います。書いた直後に見直すと、頭の中で内容を補完してしまうためです。時間を空けて見直すことで、「言いたかったことと違う・抜け漏れがある」ことに気がつきやすくなります。

推敲するポイント（応用編）

　次に紹介するポイントは、技術同人誌の質を上げるために確認するためのものです。ここから先は、書き手の好みや個性が出ます。より良い技術同人誌を作るためのアイディアが必要であれば、参考にすると良いでしょう。
- ・こそあど言葉を多用しない
- ・文章を断定形で記述する
- ・文章に適切なフォントを利用する
- ・タイトル詐欺をしない
- ・動作するコードを載せる

こそあど言葉を多用しない

　こそあど言葉とは、「これ・それ・あれ・どれ」などの指示語のことです。指示語は便利な言葉ですが、文章内で多用されると**何を指しているのか理解しづらく**なってしまいます。情報の正確性が求められる技術同人誌を書くときは、こそあど言葉の多用を避けるべきです。

リスト3.14: こそあど言葉が多い例

> ログは好きなディレクトリに配置できます。ただし、ログファイルに適切な読み取り権限を付与しておく必要があります。
>
> リスト6.1 apacheの出力ログ
> （コードブロック内にログが記載されている）
>
> ログを解凍して中身をみると、このように表示されました。これをそのまま読むのは大変ですよね。

　このようにと**これ**の2つは指示語です。もちろんこのままでも意味は通じますが、指示語を使わない形式へ書き換えてみます。

リスト3.15: こそあど言葉を利用しない例

> ログは好きなディレクトリに配置できます。ただし、ログファイルに適切な読み取り権限を付与しておく必要があります。
>
> リスト6.1 apacheの出力ログ
> （コードブロック内にログが記載されている）
>
> ログを解凍して中身をみると、リスト6.1のように表示されました。リスト6.1のログをそのまま読むのは大変ですよね。

　少しくどいかもしれませんが、リスト3.15の記述の方が対象がはっきりとしています。くどいのが苦手であれば、リスト3.16のような表記をすると良いでしょう。

リスト3.16: こそあど言葉を最低限に抑えた例

> ログは好きなディレクトリに配置できます。ただし、ログファイルに適切な読み取り権限を付与しておく必要があります。
>
> リスト6.1 apacheの出力ログ
> （コードブロック内にログが記載されている）
>
> ログを解凍して中身をみると、リスト6.1のように表示されました。このログをそのまま読むのは大変ですよね。

　リスト3.16では、明確に対象がわかる箇所でこそあど言葉を利用しています。**このログ**と記述がある直前の文章内に、**リスト6.1**という記述があります。**リスト6.1**の繰り返し表記を避けるため、指示語を利用しているのです。こそあど言葉を利用するときは、直前の文章内の名詞を置き換える程度にとどめておくと良いでしょう。

38　第3章　推敲してより良い原稿を作成する

文章を断定形で記述する

技術同人誌は情報の正確性が求められるジャンルの本です。**〜と思います・〜のはずです**などの曖昧な言葉を避けるべきです。[2]内容が正しいという自信がなければ、参考文献を探して知識を補強する必要があります。早速、具体例を示します。

リスト3.17: 曖昧な表見を使っている例

```
Elasticsearchは、Javaのヒープメモリをかなり消費するツールです。
Dockerコンテナ上ではあまり性能が出ないため、大量のデータを流す予定がある場合はコンテナ利用を避けた方が良いと思います。
```

ElasticsearchをDockerコンテナ上で利用すると、性能に影響が出るので避けるべきと記述があります。ただ、著者に自信がないためか**良いと思います**と曖昧な言葉で記述されています。これでは、読者は「本当にElasticsearchはコンテナで利用しない方が良いのか」と不安になってしまいますね。曖昧な言葉を使わずに書き換えてみましょう。

リスト3.18: 曖昧な表見を使わない例

```
Elasticsearchは、Javaのヒープメモリをかなり消費するツールです。
Dockerコンテナ上ではあまり性能が出ないため、大量のデータを流す予定がある場合はコンテナを利用するべきではありません。
```

とはいえ、内容が合っているか不安なときもあります。そのときは潔く「わからないので情報お待ちしております」などと記載します。奥付の連絡先を見た人が、有益な情報を送ってくれるかもしれません。

文章に適切なフォントを利用する

一般的な本の中では、**本文は明朝体、タイトルや見出しはゴシック体**を利用することが多いです。『書体の使い分け—伝わるデザイン 研究発表のユニバーサルデザイン（http://tsutawarudesign.com/）』では、「太い文字で長い文章を書くと紙面が黒々してしまうので、可読性が下がります。目にも大きな負担がかか」るため、本文は明朝体を利用するべきとあります。見出しは目立たせる必要があるため、文字が太く目立ちやすいゴシック体を利用します。

ブログは本文がゴシック体の文章でも読みやすいよ、と思われるかもしれません。本はブログなごと違い、行間が狭くなります。紙面の高さが限られているためです。よって、太い文字を本文に使うべきではありません。

実際に比較してみましょう。

---

2. この本では「〜すると良いでしょう」と曖昧な言い回しを利用しています。これは技術同人誌の書き方という正解がないトピックを扱っているためです。付録のtextlintの解説内には登場しないので、確認してください。

図 3.11: 全てゴシック体の例

構成に関する諸注意

今回はBeatsは扱わず、ログを収集するLogstash、ログを貯めておくElasticsearch、ログを閲覧するKibanaを基本構成とします。この3つのツールで構成されている状態は「ELK」と省略されて呼ばれることが多いです。この本でもこれ以降はLogstash、Elasticsearch、Kibanaの3つをまとめて扱う際は「ELK」と省略して呼ぶこととします。

文章の全てにヒラギノ角ゴシック体を使用した例です。少し文章が詰まって見えます。短文であれば良いのですが、1万文字を一度に読むと疲れてしまいそうです。

図 3.12: 全て明朝体の例

構成に関する諸注意

今回はBeatsは扱わず、ログを収集するLogstash、ログを貯めておくElasticsearch、ログを閲覧するKibanaを基本構成とします。この3つのツールで構成されている状態は「ELK」と省略されて呼ばれることが多いです。この本でもこれ以降はLogstash、Elasticsearch、Kibanaの3つをまとめて扱う際は「ELK」と省略して呼ぶこととします。

文章の全てにヒラギノ明朝体を使用した例です。読みやすいのですが、メリハリが足りません。どこが見出しなのか理解するのは難しそうです。

図 3.13: ゴシック体と明朝体を使い分けた例

構成に関する諸注意

今回はBeatsは扱わず、ログを収集するLogstash、ログを貯めておくElasticsearch、ログを閲覧するKibanaを基本構成とします。この3つのツールで構成されている状態は「ELK」と省略されて呼ばれることが多いです。この本でもこれ以降はLogstash、Elasticsearch、Kibanaの3つをまとめて扱う際は「ELK」と省略して呼ぶこととします。

見出しはヒラギノ角ゴシック体、本文はヒラギノ明朝体を利用した例です。文章にメリハリをつけつつ、可読性も維持されています。

組版ツールによってフォントの設定方法は変わります。自分の利用するツールと相談しつつ、適切なフォントを設定しましょう。ただし、**PDFにフォントを埋め込まないと、印刷時にフォントが欠ける現象が発生する**可能性があります。慣れないうちは組版ツールのデフォルトフォントを利用すると安全です。

フォントを変更する場合、Adobe Acrobatを利用してフォントを埋め込む処理をします。うまくできていなければ、印刷所から原稿を差し戻される可能性もあります。フォントにこだわるよりは、原稿の質にこだわりましょう。

タイトル詐欺をしない

タイトル詐欺とは、**本のタイトルから読み取れる情報が本文の内容と一致していない**状態を指しています。タイトル詐欺が良くない理由は、**読者の期待を裏切ってしまう行為が満足度を下げる要因になる**からです。

例をいくつか示します。

- タイトル例A：初めてでもできる！Elastic Stack5
  ―内容：Elasticsearch（バージョン6.4）のIndex設計において気を使うべき点
- タイトル例B：さくさく書こうMarkdown文章術
  ―内容：MarkdownエディタのWebサービスを使う方法
- タイトル例C：失敗しない監視設計
  ―内容：監視のアンチパターン事例集

タイトル例Aはひどいタイトル詐欺です。タイトルに記載されているバージョンと本文で取り扱っているバージョンが違います。タイトルからは、**Elastic Stack**というツールの話に関するものという印象を受けます。対する本文は**Elasticsearch**についてです。タイトルと内容が違います。

加えて、タイトルには**初めてでもできる！**とついています。「初めてでも」と記載されているのです。読者は**何も知らない状態**でElastic Stackを始めても大丈夫なのだろう、と期待します。しかし本文は**Index設計**という高度な話題を取り扱っています。具体的には、**Elasticsearch**の中でどのようにデータを保管するかを設計する行為です。これは初心者向けの話題でしょうか？

タイトル例Aの内容であれば、**Elasticsearch6.4におけるIndex設計手法**というタイトルの方がふさわしいでしょう。

タイトル例Bも読者の期待を裏切るパターンです。**文章術**という文言からは、Markdownを使って文章を組み上げる方法を連想します。しかし、内容はMarkdownエディタサービスの使い方について記載しています。読者に期待させる内容と、実際の内容がずれてしまっています。タイトル例Bの内容であれば、**（サービス名）で作るMarkdown文章**の方が内容に沿っています。

タイトル例Cも、具体的な内容によってはタイトル詐欺となります。**失敗しない**からは**失敗しない方法**のこと・**失敗事例**の2つが連想できるからです。人によって連想される内容が違うのが厄介です。事故を避けるためには、**監視におけるアンチパターン集**とタイトルをつける方が安全です。

タイトル詐欺を防ぐためには、内容を一通り書き終わった後に**この内容を一言で表すとを再度確認する**ことが重要です。**サークル申込時のタイトルをそのままにしておくのは危険です。**

動作するコードを載せる

これは、**紙面に掲載されているコード・設定ファイルなどをそのまま流用しても動作する**ことを確認するものです。商業本で低評価がついてしまう理由の一つに、「本文内のプログラムなどにミスが存在する」ことです。

人間、誰しもミスをするものです。プロの編集者を通しても誤字脱字を0にすることは難しいのです。商業本の発売後に正誤表が公開されていることがその証拠です。しかし、技術的な箇所は間違いを0にしておきたいものです。ここに間違いがあると、本を通して知見を得ることが難しくな

るためです。

　間違いを減らすため有効なのは、**実際に動作させたものをそのまま貼り付ける**ことです。自分の環境では動作しているのですから、安心感も担保できます。読者むけのGitHubリポジトリなどにコードを載せておけば、プロフィールを充実させることも可能です。

　技術同人誌の魅力は、誰にも縛られることなく自身の好きなように書けることです。それは文章の書き方も同じです。しかし、文章の記述ルールに則り推敲を重ねることで、より良い技術同人誌を作成できます。そしてそれは、あなた自身の伝えたいことを読者に届けるための工夫でもあるのです。

第4章　実際の技術同人誌に基づく文章の記述と推敲作業の例

　さて、推敲のポイントを示されても、「そもそも文章を書くセンスが高いから推敲ができるのだ」と思われているかもしれません。それは違います。推敲は誰でもできます。この章では、実際の技術同人誌とそれを元にした商業誌の修正事例を元に、推敲作業の例を示します。

　第3章「推敲してより良い原稿を作成する」では機械的な推敲のポイントを示しました。この章ではどうやって文章の内容や表現を改善したかを中心に取り上げます。

　機械的な推敲観点に関する説明は「文章の書き方」本を読むことで情報を得ることができます。しかし文章の内容や表現を改善する事例は、書籍などでの情報が少ないのにも関わらず、文章の「わかりやすさ」に大きな影響を及ぼします。

　実際に頒布・出版した技術同人誌と商業誌の表現を比較すれば、表現の改善に関するヒントとなります。誰でも最初から伝わる文章を書くことはできません。それは、これから紹介する技術同人誌の実例を見ていただくと感じて頂けるでしょう。

　技術同人誌は『ログと情報をレッツ・ラ・まぜまぜ！〜ELK Stack で作る BI 環境〜』を、商業誌は『Elastic Stack で作る BI 環境 バージョン 6.4 対応版』を例とします。この章では文章を簡略化するため、『ログと情報をレッツ・ラ・まぜまぜ！〜ELK Stack で作る BI 環境〜』を**技術同人誌・技術同人誌版**と表記します。『Elastic Stack で作る BI 環境 バージョン 6.4 対応版』は**商業誌・商業誌版**と表記します。

　最初に技術同人誌・商業誌の文章を続けて提示し、どこを、なぜ変更したのか解説する形で進めていきます。

実例1：特定技術の解説を行う文章例

　次に示す文章は、Kibana というツールの概要を説明するためのものです。

リスト4.1: Kibana に関する説明文：技術同人誌版

```
Kibanaは、Elasticsearchに貯められている情報を整形して可視化する情報分析ツールです。
開発言語はアナウンスは出ていないものの、ソース情報を見る限りJavaScriptがメインだと思われます。
Google Chrome等のブラウザからKibana指定のURLにアクセスすることで、データ情報を表示することがで
きます。
```

リスト4.2: Kibana に関する説明文：商業誌版

```
Kibanaは、Elasticsearchに貯めた情報を整形し、可視化するツールです。
KibanaはJavaScriptで開発されており、Node.js上で実行されています。
Google Chrome等のブラウザからKibanaで設定したURLにアクセスすることで、データ情報を表示すること
ができます。
```

```
# 技術同人誌版
Kibanaは、Elasticsearchに貯められている情報を整形して可視化する情報分析ツールです。

# 商業版
Kibanaは、Elasticsearchに貯めた情報を整形し、可視化するツールです。
```

　技術同人誌版では「Elasticsearchに貯められている」と記述されています。ここでは「Kibanaは Elasticsearchの中に保存したデータを可視化するツール」であることを表現したかったので、意図から大きく外れた文章ではありません。しかし、「貯められている」という表現は冗長です。過去形で「貯めた」と断定する表現に変更しました。他にも冗長な表現があったため、整理して整形し直しました。

```
# 技術同人誌版
開発言語はアナウンスは出ていないものの、ソース情報を見る限りJavaScriptがメインだと思われます。

# 商業版
KibanaはJavaScriptで開発されており、Node.js上で実行されています。
```

　技術同人誌版では情報の確度に自信がなかったため、「〜だと思われます」と記述しています。第3章「推敲してより良い原稿を作成する」の中で「文章を断定系で記述する」推敲ポイントを紹介しました。この文章はこれを適用するべき箇所です。商業誌版を記述する際に技術調査を行い、断定系で記述する方式へ変更しました。

事例2：環境構築時に準備しておくべきことの説明例

　技術同人誌で取り扱っているツールを動作させるために、Javaが必要でした。そこで、Javaの環境が存在するか確認してもらうための説明を記述しました。

リスト4.3: Javaのバージョンを確認するための説明文：技術同人誌版

```
Elasticsearch、Logstashの起動にはJava（バージョン8以上）が必要です。
必要に応じてインストールしましょう。

# コマンドラインブロックとして記述
$ java -version
java version "1.8.0_45"
Java(TM) SE Runtime Environment (build 1.8.0_45-b14)
Java HotSpot(TM) 64-Bit Server VM (build 25.45-b02, mixed mode)
```

リスト4.4: Javaのバージョンを確認するための説明文：商業誌版

```
Elasticsearch、Logstashの起動にはJava（バージョン8以上）が必要です。
次に示すコマンドでJavaのインストール状態を確認して下さい。


# コマンドラインブロックとして記述
# ブロックのタイトル：Javaのインストール状態を確認する
$ java -version
java version "1.8.0_131"
Java(TM) SE Runtime Environment (build 1.8.0_131-b11)
Java HotSpot(TM) 64-Bit Server VM (build 26.45-b02, mixed mode)


# ここから文章
もしインストールされていない場合、次のコマンドを参考にインストールを行って下さい。
（Ubuntu等Debian系Linuxではインストールコマンドは別となりますので注意してください。）
このとき、JavaのダウンロードはOracle社公式のリポジトリから行う必要があります。


# コマンドラインブロックとして記述
# ブロックのタイトル：Javaのインストール（Linux系の場合）
$ sudo yum install java-1.8.0-openjdk-devel
# 技術同人誌版
Elasticsearch、Logstashの起動にはJava（バージョン8以上）が必要です。
必要に応じてインストールしましょう。


# 商業誌版
Elasticsearch、Logstashの起動にはJava（バージョン8以上）が必要です。
次に示すコマンドでJavaのインストール状態を確認して下さい。
```

　ここでは「ツールの起動にはJavaの環境が必要なので、環境が無ければ準備が必要」と伝えたかったのです。技術同人誌版の文章でも趣旨を伝えることはできます。しかし、これは不親切な文章です。

　「必要に応じてインストールしましょう」とありますが、何を持って「インストールするべきか」を判断すれば良いのか記述がありません。Javaの環境が存在するか確かめるコマンドは自力で調べることができます。ただ、自分が読者の立場であれば「調べ直すのは手間なので、本に載せておいてほしい」と考えるでしょう。技術同人誌版でも確認用のコマンドを載せていますが、文章との繋がりがないので何のためのコマンドなのか理解しづらくなっています。

　そこで、商業誌版では何のためのコマンドかを示す文章に書き換えました。さらに、インストールされていなかった場合を想定してインストール方法を記述しました。

第4章　実際の技術同人誌に基づく文章の記述と推敲作業の例　　45

事例3：コンフィグの設定を変更するための説明例

次に示す文章には、ミドルウェアのコンフィグを操作するための説明が書かれています。

リスト4.5: ヒープサイズの設定に関する説明：技術同人誌版

ElasticsearchはJavaで動くアプリなのですが、最大ヒープサイズ（Xms）は物理メモリの50%以下である必要があります。
メモリが50%以上を超えてしまう場合、Elasticsearchプロセスが立ち上がりません。
ヒープサイズは次の設定ファイルで設定します。

\# コードブロック
\# コードブロックのタイトル：ヒープサイズの設定ファイル
/elasticsearch-5.2.2/config/jvm.options

\# ここから文章
-Xmsは初期ヒープサイズの設定を行い、-Xmxでは最大ヒープサイズの設定を行います。
サーバの物理メモリが4GBであれば、2GBで設定しておくと良いでしょう。

リスト4.6: ヒープサイズの設定に関する説明：商業誌版

ElasticsearchはJavaで動くアプリなのですが、最大ヒープサイズ（Xms）は物理メモリの50%以下である必要があります。
メモリが50%以上を超えてしまう場合、Elasticsearchプロセスが立ち上がりません。
ヒープサイズはjvm.optionsで設定します。（rpmパッケージかdebパッケージを用いてインストールした場合、/etc/elasticsearch下に配置されています。）
-Xmsは初期ヒープサイズの設定を行い、-Xmxでは最大ヒープサイズの設定を行います。
サーバの物理メモリが4GBであれば、2GBで設定しておくと良いでしょう。
メガバイトを指定する場合は「-Xms512m」と設定します。
\# 技術同人誌版
\# コードブロックのタイトル：ヒープサイズの設定ファイル
/elasticsearch-5.2.2/config/jvm.options

\# 商業誌版
ヒープサイズはjvm.optionsで設定します。（rpmパッケージかdebパッケージを用いてインストールした場合、/etc/elasticsearch下に配置されています。）

Javaが利用するヒープサイズを設定する方法に関する説明です。技術同人誌版では設定ファイルの配置場所を記述していました。しかし、ミドルウェアのインストール方法によっては配置場所が変わる可能性があります。もし配置場所が違った場合、読者は「本に記述されている配置場所にファイルがない」と混乱してしまうでしょう。

この問題を解決するために、設定ファイルの名前をまず示すようにしました。そして、「この環境であればこの配置場所にファイルが存在する」と補足を付け加えました。ファイル名がわかれば、

フォルダの中を検索して配置場所を調べることができます。見つからない場合もインターネットの検索で情報を取得しやすくなります。

　誤解を招く記述になっていないか、第三者の目線で確認することも重要です。

```
# 技術同人誌版
-Xmsは初期ヒープサイズの設定を行い、-Xmxでは最大ヒープサイズの設定を行います。
サーバの物理メモリが4GBであれば、2GBで設定しておくと良いでしょう。

# 商業誌版
-Xmsは初期ヒープサイズの設定を行い、-Xmxでは最大ヒープサイズの設定を行います。
サーバの物理メモリが4GBであれば、2GBで設定しておくと良いでしょう。
メガバイトを指定する場合は「-Xms512m」と設定します。
```

　ヒープサイズの設定例を記述しています。技術同人誌版ではギガバイト単位の設定方法のみ記述していました。商業誌版ではメガバイト単位の設定方法を追記しました。検証用に自分のPCで環境を作成する場合など、メモリリソースを少なめに設定したい事例もあるのではないかと考えたためです。

事例4：ミドルウェアのコンフィグを記述する方法に関する説明例

　次に示すのは、特定ミドルウェアのコンフィグを記述する方法を説明する文章です。

リスト4.7: ミドルウェアのコンフィグの書き方に関する説明事例3：技術同人誌版

```
Elasticsearchにログを送付するにはelasticsearchプラグインを利用します。
必須項目はありませんが、Elasticsearchのホスト名を指定しないと127.0.0.1にアクセスします。

hostsを明示s的に設定するためにはhostsを利用します。
hosts => "ElasticsearchのアクセスURL"で指定します。

# コードブロック
# コードブロックのタイトル：elasticsearchプラグインの指定
output {
    elasticsearch{
    hosts => "http://localhost:9200/"
  }
}
```

リスト4.8: ミドルウェアのコンフィグの書き方に関する説明事例3：商業誌版

```
Elasticsearchにログを送付するにはelasticsearchプラグインを利用します。
必須項目はありませんが、Elasticsearchのホスト名を指定しない場合、「localhost:9200」にアクセスします。
```

ElasticsearchのURLを明示的に設定するためにはhostsを利用します。
hosts => "Elasticsearchのアクセス用URL"で指定します。

```
# コードブロック
# コードブロックのタイトル：elasticsearchプラグインの指定（ElasticsearchのURLが10.0.0.100の
場合）
output {
    elasticsearch{
    hosts => "http://10.0.0.100:9200/"
  }
}
# 技術同人誌版
Elasticsearchにログを送付するにはelasticsearchプラグインを利用します。
必須項目はありませんが、Elasticsearchのホスト名を指定しないと127.0.0.1にアクセスします。

# 商業誌版
Elasticsearchにログを送付するにはelasticsearchプラグインを利用します。
必須項目はありませんが、Elasticsearchのホスト名を指定しない場合、「localhost:9200」にアクセスし
ます。
```

　アクセスするURLにポート番号が記述されていなかったため、追記しました。また、セットアップした直後のURLと乖離があったため、記述内容を見直して修正しました。

```
# 技術同人誌版
hostsを明示s的に設定するためにはhostsを利用します。

# 商業誌版
ElasticsearchのURLを明示的に設定するためにはhostsを利用します。
}
```

　「明示s的に設定する」は誤字なので商業誌版で修正しました。

```
//emlist{
# 技術同人誌版
# コードブロックのタイトル：elasticsearchプラグインの指定
output {
    elasticsearch{
    hosts => "http://localhost:9200/"
  }
}
```

```
# 商業誌版
# コードブロックのタイトル：elasticsearchプラグインの指定（ElasticsearchのURLが10.0.0.100の
場合）
output {
    elasticsearch{
    hosts => "http://10.0.0.100:9200/"
  }
}
```

　コードブロックのタイトルに「ElasticsearchのURLが10.0.0.100の場合」と注釈を追加しました。
環境によって設定内容を変更する必要が出てくることがありえるためです。注釈が無ければ「（例え
ば）URLを"52.0.0.1:8080"に設定したい場合はどうすれば良いのだろう？」と疑問を持たせてしまう
かもしれません。読者に解釈させている箇所がないか点検すると、より内容を誤解なく伝えること
ができます。

事例5：コンフィグのオプションを説明する例

　コンフィグのオプション機能に関する説明を行う事例を示します。

リスト4.9: コンフィグのオプションに関する説明事例：技術同人誌版

```
読み込んだデータを分類したい場合、自分でタグ（tags）をつけることができます。
tagsを利用すると、if文などを用いて取り込んだデータに対する固定の処理を指定できます。
Kibanaのグラフを作成する際にtagsを指定すると、1つの情報のまとまりごとに
データを分析するグラフを作ることができるようになります。
tags => "好きな名前"で指定します。
```

リスト4.10: コンフィグのオプションに関する説明事例：商業誌版

読み込んだデータを分類したい場合、自分でタグ（tags）をつけることができます。
tagsを利用すると、if文などを用いて取り込んだデータに対する固定の処理を指定できます。
Kibanaのグラフを作成する際にtagsを指定すると、1つの情報のまとまりごとにデータを分析するグラフを作ることができるようになります。
「tags => "好きな名前"」で指定します。

事例6・7：画面の機能を解説する例

アプリケーションの画面で利用できる機能について説明する事例です。
図4.1は、事例1で説明しようとしているアプリケーションの画面です。

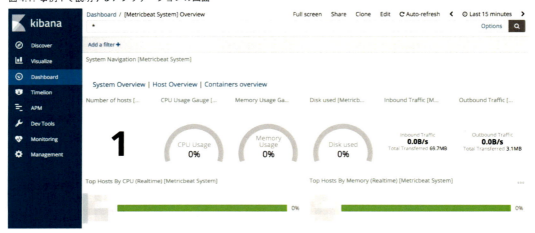

図4.1: 事例1で説明するアプリケーションの画面

リスト4.11: 画面の機能に関する説明事例1：技術同人誌版

Visualizeで作成したグラフを一箇所にまとめて参照することができます。
Googleの画像検索で出てくるKibanaの画面は、Dashboardの画面が使われることが多いです。
やはりグラフが集まっていると見栄えも良いですよね。

リスト4.12: 画面の機能に関する説明事例1：商業誌版

Visualizeで作成したグラフを一箇所にまとめて参照できます。各グラフの配置・大きさは自由に決定することができます。Googleで「Kibana」を画像検索するとDashboardの画面が多く表示されます。やはりグラフが集まっていると見栄えも良いですよね。
Dashboardに表示されるグラフは、Visualize画面で作成したものを参照します。よってDashboard作成前にグラフを作成しておく必要がありますので注意しましょう。

技術同人誌版
Visualizeで作成したグラフを一箇所にまとめて参照することができます。

商業誌版

Visualizeで作成したグラフを一箇所にまとめて参照できます。各グラフの配置・大きさは自由に決定することができます。Googleで「Kibana」を画像検索するとDashboardの画面が多く表示されます。やはりグラフが集まっていると見栄えも良いですよね。

「Discover」の画面で何ができるか説明したいため、「何ができるのか」に関する説明を追加しました。また、「やはりグラフが集まっていると見栄えも良い」のは「グラフを一箇所に集めると何が嬉しいのか」に関する話です。そこで、この文章の位置を移動しました。

ただ、嬉しいという感想は個人の感性に大きく左右されるため、利点を説明する際は冗長です。今文章を書き直すのであれば、「見栄えも良い」ことを利点としては説明しないと思います。「一つの画面を閲覧するだけで必要な情報を把握できる」等、困っていることを解決できる点を利点として挙げた方が実用的で正確な表現になるでしょう。

商業誌版のみ

Dashboardに表示されるグラフは、Visualize画面で作成したものを参照します。よってDashboard作成前にグラフを作成しておく必要がありますので注意しましょう。

機能を利用するために事前準備が必要なのであれば、その旨を記述しておきましょう。

第3章「推敲してより良い原稿を作成する」の節「読者の読解力が問題なのか」で、「行間を読む箇所が多くなると「読みづらい/わかりにくい」という感覚を持ちやすい」と述べました。事前準備が必要であるにも関わらずそれを説明していない場合、読者は「行間を読ま」ざるを得ません。

技術同人誌を書いていると、事前準備や前提条件に関する話が抜け落ちやすいものです。「行間を読ませていないか」を確かめるには、文章を記述したのち時間を空けて読み返したり、第三者に文章を読んでもらうと良いでしょう。第三者の目線になりきることで、暗黙的な説明が文章に含まれていないか探しましょう。

紙に印刷するなど、文章を記述したツールとは別の形式で読み返すのも効果的です。見た目が少し違うだけでも、初めて読む文章に見えるものです。

図4.2は、事例2で説明しようとしているアプリケーションの画面です。

図 4.2: 事例 2 で説明するアプリケーションの画面

リスト 4.13: 画面の機能に関する説明事例 2：技術同人誌版

Elasticsearchからデータを取得するためには、curlコマンドでGETをElasticsearchに投げます。
Dev ToolsではElasticsearchに直接クエリを投げることができます。

リスト 4.14: 画面の機能に関する説明事例 2：商業誌版

Dev ToolsのConsoleを使用すると、Kibana画面から直接Elasticsearchに対して検索用クエリを投げることができます。
Kibana5から登場した画面なのですが、Dev Toolsが追加されるまではElasticsearchにクエリを投げるためにはサーバーから直接クエリを投げるしかありませんでした。GUIで文法を確認しつつクエリをテストすることができるので、Elasticsearchのindex設定を変更する場合などはこちらの画面を使用すると良いでしょう。
技術同人誌版
Elasticsearchからデータを取得するためには、curlコマンドでGETをElasticsearchに投げます。

商業誌版
Dev ToolsのConsoleを使用すると、Kibana画面から直接Elasticsearchに対して検索用クエリを投げることができます。

　どちらも「クエリを投げる」という表現を取っています。これは良い表現とは言えません。第3章「推敲してより良い原稿を作成する」の中で「初見の単語には意味の解説があるか」という推敲観点を紹介しました。「クエリを投げる」は「（ここではElasticsearchに）クエリを発行する」という意味を持つ独自の表現です。この推敲観点を適用すると、「クエリを投げる」の意味を解説するべきです。
　さらに、「クエリを投げる」は正式な専門用語ではありません。解釈の余地を生まないようにするためには正確な表現を利用するべきです。

技術的な観点でも修正するべき点があります。Dev Toolsという画面ではElasticsearchのデータを検索する以外の操作も可能です。その意味でもこの文章は正確ではありません。

これらを踏まえて文章を書き直してみます。

Dev ToolsのConsoleを使用すると、Kibanaの画面からElasticsearchに対してクエリを発行できます。クエリを発行すると、Elasticsearch内に保存されているデータの検索・更新・削除などを実施できます。Elasticsearchのクエリに関する詳しい情報は（公式ドキュメントのURLを添付）を参照してください。クエリに関する話は本題から逸れるため、この本では詳しく取り上げることはしません。

「クエリを発行する」表現の修正に加えて、クエリを発行するとできることを具体的に提示しました。また、クエリを使ってできることを全て網羅するのは難しいため、公式ドキュメントのURLを記述しました。「説明不足」という印象をもたれないようにするため、クエリについては詳しく説明しないことをはっきり示しました。それでは不親切なので、代わりに情報源を提示しました。

商業誌版
Kibana5から登場した画面なのですが、Dev Toolsが追加されるまではElasticsearchにクエリを投げるためにはサーバーから直接クエリを投げるしかありませんでした。GUIで文法を確認しつつクエリをテストすることができるので、Elasticsearchのindex設定を変更する場合などはこちらの画面を使用すると良いでしょう。

技術同人誌版ではこの画面の利点を説明していませんでした。機能の説明をする際は、その機能があると何が嬉しいのかを解説すると良いでしょう。利点が無ければ機能を使おうという気持ちにはなりません。

「これがあると何が楽になるのか？」について検討すると、機能の利点を見つけやすくなります。

この章では、7つの実例を通して、どのように「内容」に関する推敲を進めたかを提示しました。

繰り返しとなりますが、誰でもはじめから"わかりやすい"文章を書くことはできません。文章を記述し、推敲を重ねることでよりわかりやすい文章を作成するしかないのです。自身の考えを文章に起こすのは難しいことです。しかし、推敲を重ねた数だけ必ず上達します。この章の事例から、それを感じていただければと思います。

おわりに

　近年　技術同人誌を書く人の人口は急速に増えつつあります。技術同人誌を書きたいと思う人それぞれに、技術同人誌で成し遂げたいことがあります。

　自分が得た知見をまとめて還元したいと考える人。とても立派な志です。技術同人誌を通して自分の価値や知名度を上げたいと考える人。生きるための戦略として必要なことです。技術同人誌で多くの売り上げを得たい人。お金があれば色々なことができます。

　技術同人誌から商業出版を目指す人。自分の本を遠くの人に届けるのであれば、商業出版の方に利があります。イベントに参加した達成感を得たいと考える人。イベントの楽しさは体験した人にしかわからない特権です。技術を広めたいと考えて技術同人誌を書く人。本として知見がまとまっていれば、これからその技術を始める人はとても嬉しいでしょう。

　どんな志だから良い・悪いという話はありません。個人の好きにできるのが同人誌の良い点なのです。あなた自身がどうしたいか、これが一番重要なことだと私は思います。

　頒布冊数や見栄え・本の内容を他人と比較し「あの人のようにできない（内容が被ってしまう）から技術同人誌を書くのはやめておこう」となってしまうのはもったいないことです。技術同人誌は今の自分と向き合い、そのときの全力を出して出来上がるものです。決められた締め切りに間に合っている時点でとても偉いのです。成果物自体に優劣はありません。

　もしあなたがこれから技術同人誌を書こうかなと考えているのであれば、まずは自分が良いなと思っていることを表現することに集中してください。周りの流れについて行くのではありません。信じる道を進んだ先に、何にも変えられない達成感が待っているのです。

　あなたの書いた技術同人誌を読むときを、とても楽しみにしています。

著者紹介

石井 葵 （いしい あおい）

労働して ゲームして、季節の変わり目毎に技術同人誌を書いて即売会に出ています。ソウルフードはチョコミントアイス、最近の日課は朝6:30からのラジオ体操です。著書に『Elastic Stackで作るBI環境 バージョン6.4対応版』共著に『Introduction of Elastic Stack 6』（ともにインプレスR&D刊）。

◎本書スタッフ
アートディレクター/装丁：岡田章志＋GY
編集協力：飯嶋玲子
デジタル編集：栗原 翔

〈表紙イラスト〉
くろねこ
りんご県出身、どうぶつとおんなのこを描くのが得意なくろねこです。
Webデザインとグラフィックデザインでも活躍出来ればと奮闘中です！

技術の泉シリーズ・刊行によせて
技術者の知見のアウトプットである技術同人誌は、急速に認知度を高めています。インプレスR&Dは国内最大級の即売会「技術書典」（https://techbookfest.org/）で頒布された技術同人誌を底本とした商業書籍を2016年より刊行し、これらを中心とした『技術書典シリーズ』を展開してきました。2019年4月、より幅広い技術同人誌を対象とし、最新の知見を発信するために『技術の泉シリーズ』へリニューアルしました。今後は「技術書典」をはじめとした各種即売会や、勉強会・LT会などで頒布された技術同人誌を底本とした商業書籍を刊行し、技術同人誌の普及と発展に貢献することを目指します。エンジニアの"知の結晶"である技術同人誌の世界に、より多くの方が触れていただくきっかけになれば幸いです。

株式会社インプレスR&D
技術の泉シリーズ 編集長 山城 敬

●お断り
掲載したURLは2019年6月1日現在のものです。サイトの都合で変更されることがあります。また、電子版ではURLにハイパーリンクを設定していますが、端末やビューアー、リンク先のファイルタイプによっては表示されないことがあります。あらかじめご了承ください。
●本書の内容についてのお問い合わせ先
株式会社インプレスR&D メール窓口
np-info@impress.co.jp
件名に『本書名』問い合わせ係」と明記してお送りください。
電話やFAX、郵便でのご質問にはお答えできません。返信までには、しばらくお時間をいただく場合があります。
なお、本書の範囲を超えるご質問にはお答えしかねますので、あらかじめご了承ください。
また、本書の内容についてはNextPublishingオフィシャルWebサイトにて情報を公開しております。
https://nextpublishing.jp/

●落丁・乱丁本はお手数ですが、インプレスカスタマーセンターまでお送りください。送料弊社負担 てお取り替えさせていただきます。但し、古書店で購入されたものについてはお取り替えできません。
■読者の窓口
インプレスカスタマーセンター
〒101-0051
東京都千代田区神田神保町一丁目 105番地
TEL 03-6837-5016／FAX 03-6837-5023
info@impress.co.jp
■書店／販売店のご注文窓口
株式会社インプレス受注センター
TEL 048-449-8040／FAX 048-449-8041

技術の泉シリーズ
わかりやすく書ける！技術同人誌初心者のための執筆実例集

2019年7月12日　初版発行Ver.1.0（PDF版）

著　者　石井 葵
編集人　山城 敬
発行人　井芹 昌信
発　行　株式会社インプレスR&D
　　　　〒101-0051
　　　　東京都千代田区神田神保町一丁目105番地
　　　　https://nextpublishing.jp/
発　売　株式会社インプレス
　　　　〒101-0051　東京都千代田区神田神保町一丁目105番地

●本書は著作権法上の保護を受けています。本書の一部あるいは全部について株式会社インプレスR&Dから文書による許諾を得ずに、いかなる方法においても無断で複写、複製することは禁じられています。

©2019 Aoi Ishii. All rights reserved.
印刷・製本　京葉流通倉庫株式会社
Printed in Japan

ISBN978-4-8443-7808-2

NextPublishing®

●本書はNextPublishingメソッドによって発行されています。NextPublishingメソッドは株式会社インプレスR&Dが開発した、電子書籍と印刷書籍を同時発行できるデジタルファースト型の新出版方式です。https://nextpublishing.jp/